园林植物
与
景观配置
丛书

300种南方园林树木与配置

李钱鱼　肖艳辉　主编

·北京·

内容简介

本书主要介绍南方地区景观设计中应用的园林树木，以植物特征为基础，提供配置建议和常见病虫害提示。全书将园林树木分为乔木类、灌木类和藤本类，每一类中按照新的多识裸子植物分类系统和被子植物的APG Ⅳ系统进行编写。选取了园林中具代表性的和近年来流行的各类树木330多种（含亚种、变种、变型和品种），对某些树种扩展介绍了与其相关的种、变种、变型或品种。丰富的图片与实用的文字信息相结合，既可以作为植物景观设计师的工具书，也可以作为园林、园艺、环艺和物业管理等相关专业学生和园林绿化从业人员进行园林植物识别与应用学习的参考书。

图书在版编目（CIP）数据

300种南方园林树木与配置/李钱鱼，肖艳辉主编. —北京：化学工业出版社，2021.6

（园林植物与景观配置丛书）

ISBN 978-7-122-38809-4

Ⅰ.①3… Ⅱ.①李…②肖… Ⅲ.①园林树木-景观设计-南方地区 Ⅳ.①S68

中国版本图书馆CIP数据核字（2021）第053304号

责任编辑：李　丽　　　　装帧设计：史利平
责任校对：王　静

出版发行：化学工业出版社（北京市东城区青年湖南街13号　邮政编码100011）
印　　装：北京缤索印刷有限公司
787mm×1092mm　1/16　印张22　字数517千字　2021年7月北京第1版第1次印刷

购书咨询：010-64518888　　　　售后服务：010-64518899
网　　址：http：//www.cip.com.cn
凡购买本书，如有缺损质量问题，本社销售中心负责调换。

定　　价：139.00元

《300种南方园林树木与配置》
编写人员名单

主　编　李钱鱼　肖艳辉

副主编　罗　连　张红霞

参　编　武萍萍　丁明艳　曹丽霞

　　　　史惜全

前言

本书以我国南方地区景观设计中应用的园林树木为主，分为乔木类、灌木类和藤本类，选取了园林中具代表性的和近年来流行的各类树木 300 种（含亚种、变种、变型和品种）进行介绍，个别树种扩展介绍了与其相关的种、变种、变型或品种，总计园林树木 330 多种（含亚种、变种、变型和品种）。以植物识别为基础，提供配置建议和常见病虫害提示。

乔木类、灌木类和藤本类树种按照多识裸子植物分类系统和被子植物的 APG Ⅳ 系统进行科的排序，科以下按照植物学名的字母排序。在内容呈现时隐去了科的排序，因此看上去每类树种中的植物排序似乎没有规律，特此说明。

由于采用了新的植物分类系统，一些植物的科属关系发生了很大变化，如水松（*Glyptostrobus pensilis*）、水杉（*Metasequoia glyptostroboides*）、落羽杉（*Taxodium distichum*）等属柏科；秋枫（*Bischofia javanica*）、雪花木（*Breynia nivosa*）属叶下珠科；石榴（*Punica granatum*）属千屈菜科；木棉（*Bombax ceiba*）、美丽异木棉（*Ceiba speciosa*）、梧桐（*Firmiana simplex*）属锦葵科；赪桐（*Clerodendrum japonicum*）、烟火树（*Clerodendrum quadriloculare*）属唇形科等。植物的属名、种名按照中国自然标本馆网站（http://www.cfh.ac.cn/）信息编写，与以往的名称不同，如 Magnolia 由木兰属改为北美木兰属，Kigelia 由吊灯树属改为吊瓜树属，Thevetia 由黄花夹竹桃属改为红果竹桃属，玉兰（*Yulania denudata*）、二乔玉兰（*Yulania*×*soulangeana*）属木兰科玉兰属等。

植物生活型的归类以园林中常用的形态归类，如苏铁（*Cycas revoluta*）、桂花（*Osmanthus fragrans*）等归入灌木。纠正以往被错误定名的植物，如琉球花椒（*Zanthoxylum beecheyanum*）、小苞黄脉爵床（*Sanchezia parvibracteata*）等。对经常被读错的汉字做了标注，如朴［pò］树、赪［chēng］桐、地菍［niè］、地稔［rěn］等。

植物查询时可以利用书末的索引查询，也可以利用不同类型树种在书页侧边不同颜色的标识定位，实现快速查询。

广东建设职业技术学院李钱鱼老师负责全书统筹和大部分科植物的图文收集和编辑；韶关学院肖艳辉老师负责芳香类树木如芸香科、木兰科、蔷薇科、瑞香科、忍冬科、锦葵科等植物的图文收集和整理；广东环境保护工程职业学院罗连老师负责植物生态习性部分的内容；呼和浩特市赛罕区园林管理所张红霞高级工程师负责园林树木行业指导和园林养护内容的信息收集和指导；广东建设职业技术学院武萍萍老师负责爵床科、马鞭草科、唇形科、玄参科植物的信息收集和整理；顺德职业技术学院丁明艳老师负责金缕梅科、蕈树科、樟科、大戟科、叶下珠科信息资料收集整理和植物分类系统的转换；深圳市兰森迪道景观设计有限公司曹丽霞工程师负责园林景观设计行业指导和树种选择；广东保利置业有限公司史惜全工程师负责园林树木施工养护行业指导和新优树种选择。另外，本书的顺利出版要衷心感谢广东省农业科学院环境园艺研究所特色花卉研究室主任徐晔春研究员的支持和指导。

由于编者水平有限，书中有疏漏之处，敬请各位同行、专家多多指正。

编　者

2021年1月

目录

CONTENT

一、乔木类

/001

一、乔木类

目录

CONTENT

二、灌木类

目录

CONTENT

二、灌木类

三、藤本类

参考文献

QIAOMULEI

一、乔木类

银杏科

1. 银杏

（白果、公孙树）*Ginkgo biloba* 银杏科 银杏属

【识别特征】

（1）落叶乔木，高达40m，树冠广卵形。树皮淡灰褐色，纵裂。大枝斜向上伸展。

（2）叶扇形，先端2裂，在长枝上互生，短枝上簇生。

（3）雌雄异株，雄球花柔荑花序；雌球花具长梗，梗端两叉，每叉顶生一胚珠，常仅一胚珠发育成种子。

（4）种子圆球形，熟时黄色，表面有白粉。

（5）花期3～4月，种子9～10月成熟。

【原产地及分布】

为我国特有树种，浙江天目山有野生分布，各地均有栽培。

【生态习性】

喜光、耐寒、耐干旱，不耐水涝，抗污染。生长缓慢，寿命长。深根性，萌蘖性强。

【配置建议】

（1）银杏寿命长，是种子植物中最古老的孑遗树种之一，被称为植物活化石。现存的古刹寺庙中仍有千年银杏古树，园林中配置银杏树会使环境增加历史沉淀感。

（2）树姿挺拔雄伟，古朴有致；叶形秀丽，秋叶金黄；种子金黄。

（3）可孤植于宽阔的草坪上形成孤

赏树、园景树或庭荫树；对植于建筑物或道路入口两侧，营造古朴氛围，在寺庙殿前左右对植是银杏在古典园林中的经典配置；列植作行道树，丛植或与红枫等树种混植，欣赏植物群体景观；也可制作老桩盆景。用作行道树时，应选择雄株，以免种实味道难闻且污染行人衣物。

【常见病虫害】

（1）病害　叶枯病、茎腐病和黄化病等。

（2）虫害　蛀螟、蚜虫和大蚕蛾等。

南洋杉科

2. 异叶南洋杉

（诺和克南洋杉）*Araucaria heterophylla*

南洋杉科　南洋杉属

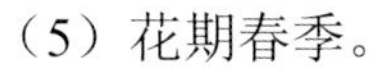

【识别特征】

（1）常绿乔木，高可达50m，树冠塔形。大枝平伸，小枝平展或下垂，侧枝常成羽状排列，下垂。

（2）叶二型，幼树及侧生小枝的叶钻形，柔软不扎手；大树及花果枝上的叶宽卵形或三角状卵形。

（3）雌雄异株，雄球花圆柱形，单生枝顶。

（4）球果近圆球形。

（5）花期春季。

【原产地及分布】

原产大洋洲诺和克岛。我国福州、广州等地引种栽培，北方常盆栽。

【生态习性】

喜光，喜高温湿润气候，不耐寒，不抗风，不耐干旱；喜肥，栽培须植于阳光充足，避风和排水良好的地方。

【配置建议】

（1）树形高大挺拔，枝条排列整齐，树冠塔形，优雅壮观，为热带及亚热带地区特色观形树种。

（2）可孤植、丛植或列植作园景树、行道树。列植于纪念性公园，或围合人物雕像栽植作为绿色背景墙，可营造庄严肃穆的景观效果。

【常见病虫害】

（1）病害　叶斑病、叶枯病和根腐病等。

（2）虫害　介壳虫。

3. 竹柏

（罗汉柴、细叶竹柏）*Nageia nagi*　　罗汉松科　竹柏属

【原产地及分布】

产于浙江、福建、江西、湖南、广东、广西、四川等地。

【生态习性】

阴性树种，喜温暖湿润气候，不耐寒，喜排水良好、富含腐殖质的土壤。自然更新能力强，在竹柏林中和其他阔叶林下常可见到自然播种的幼苗。不耐修剪。

【配置建议】

（1）枝叶翠绿，四季常青，树冠浓郁，叶形秀丽有光泽，是南方常见观形、观叶树种。

（2）可孤植、丛植或列植作园景树、行道树，也是城乡四旁绿化和风景区常用优良树种。

【常见病虫害】

（1）病害　黑斑病、白粉病和炭疽病。

（2）虫害　蚜虫、蚧类和潜叶蛾等。

【识别特征】

（1）常绿乔木，高达20m，树皮幼时平滑。

（2）单叶对生或近对生，革质，长卵形或披针状椭圆形，具平行细脉，无中脉，长3～9cm，深绿色，有光泽。

（3）雄球花穗状圆柱形，呈分枝状；雌球花单生叶腋。

（4）种子圆球形，暗紫色，有白粉。

（5）花期3～4月，种子10月成熟。

4. 罗汉松

（土杉、罗汉杉）*Podocarpus macrophyllus*　罗汉松科　罗汉松属

【识别特征】

（1）常绿乔木，高20m。

（2）叶条形，微弯，螺旋状着生，长7～12cm，深绿色，有光泽。

（3）雌雄异株，花单生叶腋。

（4）种子卵球形，紫黑色；种托肉质肥大，紫红色。

（5）花期3～4月，球果9～10月成熟。

【原产地及分布】

原产于我国长江流域及以南各地区以及日本。

【生态习性】

喜光，喜温暖湿润气候。深根性，抗风力较强，抗大气污染，耐寒性较差。寿命长。

【配置建议】

（1）树形古雅，挺拔如松，四季常青，种子和肉质肥大种托的全形犹似披着红色袈裟的罗汉，玲珑可爱。

（2）可孤植、丛植、对植或列植作观形、观叶、观种子树种，也多造型作盆景观赏。因四季常绿，树形整齐，显庄重、肃穆，常列植或群植应用于寺庙、纪念性公园。

【常见病虫害】

（1）病害　叶枯病、白粉病、叶斑病和炭疽病。

（2）虫害　蚜虫、介壳虫和红蜘蛛。

柏科

5. 水松

（水石松）*Glyptostrobus pensilis*　　柏科　水松属

【识别特征】

（1）落叶或半常绿乔木，高16m，树冠圆锥形。树皮呈扭状长条浅裂，干基部膨大，有膝状呼吸根。大枝平伸或斜展，小枝绿色。

（2）单叶互生，有三种类型，鳞形叶螺旋状着生，长2mm，有白色气孔点，宿存；条形叶两侧扁平，薄，排成二列，长1～3cm，条状钻形叶长4～11mm，辐射伸展或列成三列状；条形叶及条状钻形叶均于冬季连同侧生短枝一同脱落。

（3）雌雄同株。

（4）球果倒卵形，种鳞木质，扁平。

（5）花期1～2月，球果10～11月成熟。

【原产地及分布】

分布于广东、福建、广西、江西、四川、云南等地。长江流域以南公园中有栽培。我国特有树种，孑遗树种，国家一级重点保护植物。

【生态习性】

强阳性，喜暖热多湿气候，在沼泽地呼吸根发达。对土壤适应性较强。可防风护堤。不耐低温。

【配置建议】

（1）树形挺拔秀丽，干基部膨大，水中生长近岸边会出现膝状呼吸根，景观独特。叶形秀丽，秋叶棕红色，为著名的秋色叶树种。

（2）最宜水中、河边、湖畔绿化应用，可与池杉、水杉、落羽杉群植营造针叶树的秋色景观。

【常见病虫害】

（1）病害　根腐病和立枯病。

（2）虫害　尺蠖。

6. 水杉

（水杪）*Metasequoia glyptostroboides*

【识别特征】

（1）落叶乔木，高可达40m。树冠窄圆锥形，树干基部常膨大，树皮灰褐色，浅纵裂。大枝不规则轮生，小枝下垂对生。

（2）叶条形，扁平，长1～4cm，羽状对生。

（3）雌雄同株。

（4）球果圆球形，下垂。

（5）花期2月，球果11月成熟。

【原产地及分布】

产于四川、湖北及湖南，现国内南北各地及国外许多国家引种栽培。水杉被称为“活化石”，为我国特产树种，孑遗树种，国家一级重点保护植物。

【生态习性】

速生、阳性、耐寒、适应性强。耐盐碱、不抗风、不耐旱、不耐涝。

【配置建议】

（1）树形挺拔秀丽，叶色翠绿，秋叶棕褐色，为优良的观形、观秋色叶树种。

（2）常列植用于路缘、溪边、湖畔、江河滩地和水网地区观赏，也可与其他杉科植物搭配组景形成丰富的秋色叶景观。

【常见病虫害】

（1）病害　锈病。

（2）虫害　咖啡蠹蛾、蔷薇叶蜂和叶蝉等。

7. 落羽杉

（落羽松）*Taxodium distichum* 柏科　落羽杉属

【识别特征】

（1）落叶乔木，高20m，树干基部常膨大，具膝状呼吸根。大枝平展，侧生小枝排成2列。

（2）叶条形，在侧生小枝上排成2列。

（3）雌雄同株。

（4）球果近圆球形，黄褐色。

（5）花期3～5月，球果次年10月成熟。

【原产地及分布】

原产北美洲东南部，我国南方广为栽培。落羽杉属与水杉、水松、巨杉、红杉同为孑遗树种。

【生态习性】

喜光，喜温暖多湿气候，不耐干旱，耐水湿。土质以保水力强、富含有机质之壤土为佳。栽培地全日照或半日照都能适应。速生。

【配置建议】

（1）树姿端庄，叶形秀丽，新叶鲜绿，秋叶褐红，季相变化显著，为著名观形、观叶树种，春色叶和秋色叶树种。广州羊城八景之一的“龙洞琪林”景观就是以华南植物园内湖边成片的落羽杉林营造优美的秋色景观。

（2）可列植作行道树，也可片植、群植于湖边或低湿地，形成独特的景观。

【常见病虫害】

（1）病害　黄花病、赤枯病和茎腐病。

（2）虫害　刺蛾。

8. 池杉

（池柏）*Taxodium distichum* var. *imbricatum* 柏科 落羽杉属

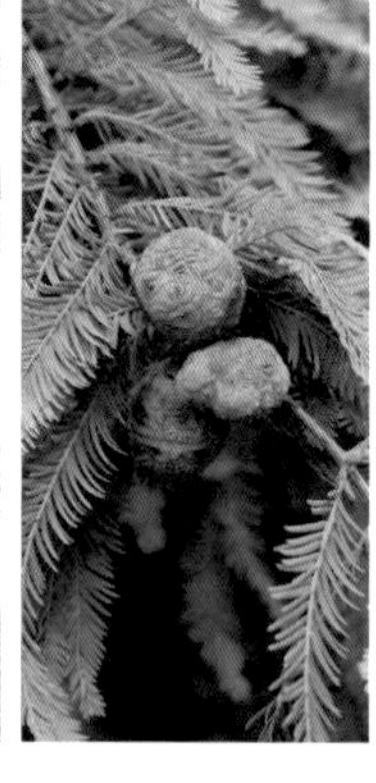

【识别特征】

（1）落叶乔木，高10m，具膝状呼吸根。树冠狭窄尖塔形。树皮长条状剥落，树干基部膨大，具屈膝状的呼吸根。

（2）叶二型，钻形和条形，螺旋状排列。

（3）球果圆柱形，黄褐色。

（4）花期3～4月，球果10～11月成熟。

【原产地及分布】

原产北美洲东南部。我国长江以南地区广为栽培。

【生态习性】

喜光、喜温暖多湿气候，耐半阴、喜水湿、耐旱、耐寒性强、生长快速。

【配置建议】

（1）树形挺拔，叶秋季变为红色，为观形、观秋色叶树种。

（2）可配置于湖畔、溪流水岸边水中或近岸边湿润处，列植、丛植景观效果更好。

【常见病虫害】

（1）病害　黄化病。

（2）虫害　金龟子和地老虎。

9. 湿地松

（美国松、古巴松）*Pinus elliottii*　　松科　松属

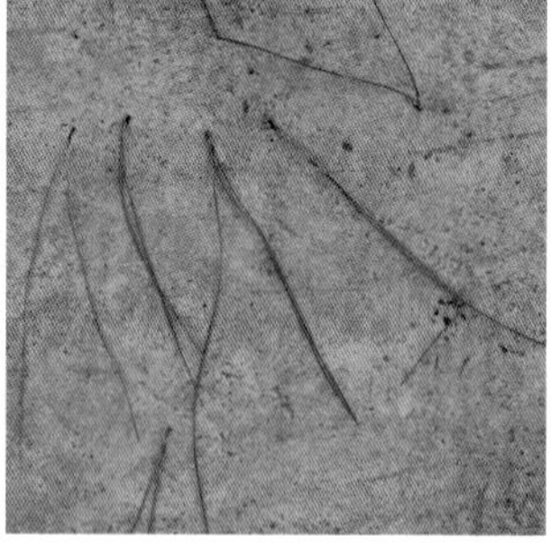

【识别特征】

（1）常绿乔木，高40m，树皮纵裂，大鳞片状剥落。

（2）针叶2针、3针1束共存，粗硬，长18～30cm，背腹两面都有气孔线，叶缘具细锯齿。

（3）雌雄同株。

（4）球果圆锥状卵形，鳞盾斜方形，肥厚，有锐横脊，鳞脐疣状，有短尖刺。

（5）花期2～3月，球果次年9月成熟。

【原产地及分布】

原产北美洲东南部。我国长江以南各地广为栽培。

【生态习性】

喜光，喜温暖湿润气候。耐水湿，也耐瘠薄。适生酸性红壤土，低洼沼泽地边缘生长更好，因而得名“湿地松”。抗风力强，可抗11～12级台风。华南海滨，在迎海风方向种2～3行木麻黄作屏障，湿地松可不受咸风危害。速生。

【配置建议】

（1）树形苍劲挺拔，生长迅速，适应性强，为优良的观形树种。在香港被广泛种植，与台湾相思、红胶木并称为“植林三宝”。

（2）可孤植作园景树，丛植或群植用于大面积造林，也可用于水畔、海滨列植。

【常见病虫害】

（1）病害　褐斑病、梢枯病和赤枯病等。

（2）虫害　松梢螟、松梢小卷叶蛾、松褐天牛和白蚁等。

10. 马尾松

（松树、青松）*Pinus massoniana*　　松科　松属

【识别特征】

（1）常绿乔木，高可达45m。树冠广伞形。树皮红褐色，不规则鳞片状深裂。

（2）针叶2针一束，稀3针一束，长12～20cm，细柔，微扭曲，两面有气孔线，边缘有细锯齿。

（3）雌雄同株，雄球花淡红褐色，穗状弯垂，聚生于新枝下部苞腋；雌球花单生或2～4个聚生于新枝近顶端，淡紫红色。

（4）球果卵形，鳞盾菱形，微隆起或平，鳞脐稍凹，无刺尖。

（5）花期4～5月，球果次年10～12月成熟。

【原产地及分布】

产于秦岭、淮河以南，南方各地均有栽培。

【生态习性】

为我国松属中分布最广的阳性树种。喜温暖湿润气候，深根性，对土壤要求不严，不耐水涝及盐碱地。

【配置建议】

（1）树形高大雄伟，姿态苍劲，是长江以南自然风景区常见树种，也是荒山造林先锋树种。

（2）可于庭前、亭旁、假山之间孤植或三五丛植，也可列植作行道树；或与红枫或其他树种混植，营造松涛阵阵效果。对Cl_2抗性较强，也可以用于工厂矿区绿化。

【常见病虫害】

（1）病害　斑点病、松瘤病、赤枯病和黄化病等。

（2）虫害　松毛虫、线虫、大袋蛾、金龟子和红蜘蛛等。

木兰科

11. 荷花木兰

（广玉兰、荷花玉兰）*Magnolia grandiflora* 木兰科　北美木兰属

【识别特征】

（1）常绿乔木，高30m。树冠阔圆锥形。芽及小枝有锈色柔毛。

（2）单叶互生，倒卵状长椭圆形，厚革质，叶端钝，叶基楔形，叶表有光泽，叶背有铁锈色短柔毛，叶缘稍微波状；叶柄粗。

（3）花顶生，杯形，白色，极大，径达20～25cm，芳香，花瓣常6枚。

（4）聚合果圆柱状卵形，密被锈色毛。

（5）花期5～8月；果10月成熟。

【原产地及分布】

原产北美东南部，我国长江以南地区普遍栽培。

【生态习性】

喜光，喜温暖湿润气候。耐寒，不耐旱。深根性，抗风力强。抗大气污染及吸收有毒气体的能力强。生长速度中等，寿命长。

【配置建议】

（1）荷花木兰是江苏省常州市的市树。

（2）树形古雅，叶大浓荫，终年常绿，花大而清香，聚合果成熟后，蓇葖开裂露出鲜红色的种子，为优良的观形、观花、香花和观果树种。

（3）可作孤赏树、庭荫树、园景树，也可列植作行道树。

【常见病虫害】

（1）病害　炭疽病和干腐病。

（2）虫害　介壳虫。

12. 白兰

（白兰花、白玉兰）*Michelia×alba*　　木兰科　含笑属

【识别特征】

（1）常绿乔木，高15m。树冠长卵形，树皮灰白色。

（2）单叶互生，薄革质，长椭圆形或椭圆状披针形，长10～25cm；叶柄长1.5～2cm，托叶痕短于叶柄长的1/2。

（3）花单生，白色，极香。

（4）多数不结实。

（5）花期4～9月。

【原产地及分布】

原产东南亚至南亚，华南地区广为栽培。

【生态习性】

喜光，喜温暖至高温湿润气候，耐半阴，抗风，不耐寒和干旱，忌过湿，尤忌积水，否则可导致根部腐烂。对SO_2、Cl_2等有毒气体抗性差。速生、寿命长。

【配置建议】

（1）白兰花洁白素雅，馥郁芳香，花多而花期长，是著名的观花、香花树种。在南方虽不落叶，但冬季叶色会转黄色，增加季相变化效果，也可作为秋色叶树种。

（2）多丛植作庭荫树、园景树，也可列植作行道树。因花香怡人，可作芳香专类园的主要树种。

【常见病虫害】

（1）病害　炭疽病和黄化病。

（2）虫害　红蜘蛛和吹绵蚧等。

13. 黄兰花

（黄兰、黄兰含笑）*Michelia champaca* 木兰科 含笑属

【识别特征】

（1）常绿乔木，高40m。

（2）单叶互生，薄革质，卵状披针形或椭圆状披针形，长10～20cm，背面疏被淡黄色柔毛，叶柄长2～4cm，托叶痕达叶柄长的2/3以上。

（3）花单生，橙黄色，极芳香。

（4）聚合蓇葖果。

（5）花期4～6月，果期9～10月。

【原产地及分布】

原产西藏东南部、云南南部和西南部以及印度、缅甸和越南。我国热带、亚热带地区以及亚洲热带其他地区广为栽培。

【生态习性】

喜光，喜温暖至高温湿润气候，不耐寒，不耐干旱也不耐积水，耐半阴，忌强光曝晒，土质以疏松、肥沃的沙质壤土为宜，排水须良好。抗大气污染和吸收有毒气体的功能较强。

【配置建议】

（1）树形婆娑美观，花色鲜亮，有浓香，为著名的观形、观花、香花树种。

（2）可孤植、对植作庭荫树，也可列植作行道树，或作芳香园主要树种。

【常见病虫害】

（1）病害 未见病害。

（2）虫害 介壳虫。

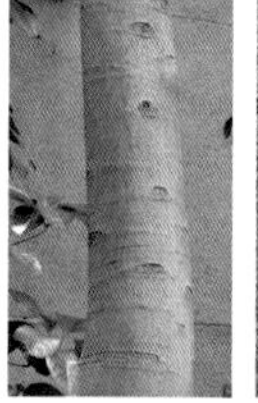

14. 玉兰

（玉堂春、白玉兰、望春花）*Yulania denudate*　　木兰科　玉兰属

【识别特征】

（1）落叶乔木，高15m。树皮灰白色，幼时光滑，老时粗糙开裂，皮孔明显。

（2）单叶互生，倒卵状椭圆形，长10～18cm，顶端圆，有突尖，背面有毛；托叶痕短于叶柄长的1/3。

（3）花顶生，先叶开放，花被片9枚，白色，有时基部略带粉红色，芳香。

（4）聚合蓇葖果。

（5）花期2～4月，果期9～10月。

【原产地及分布】

原产黄河流域以南至广东北部、西南至云南。我国热带、亚热带至温带地区多有栽培。

【生态习性】

喜光，喜温暖湿润气候，适应性强，耐寒，耐干旱和瘠薄。从温带至南亚热带均能生长。抗大气污染能力强，并能吸收有毒气体和灰尘，净化空气。根肉质，忌水淹。生长速度较慢。

【配置建议】

（1）玉兰是上海市市花，象征开路先锋、奋发向上的精神。

（2）春季先叶开放，花大而芳香，花色纯白，幽雅美观，是著名的早春观花树种和香花树种。

（3）可孤植或对植于庭院中观赏，也可丛植或群植于空阔草坪上早春观赏繁华盛景。

【常见病虫害】

（1）病害　炭疽病、叶斑病和煤污病。

（2）虫害　小蓑蛾和日本龟蜡蚧。

15. 二乔玉兰

（二乔木兰）*Yulania×soulangeana* 木兰科 玉兰属

【识别特征】

（1）落叶乔木，高10m。

（2）单叶互生，纸质，倒卵形，先端短急尖，2/3以下渐狭成楔形，上面基部中脉常残留有毛，托叶痕约在叶柄的1/3内。

（3）花先叶开放，浅红色至深红色，花被片6～9，外轮3片花萼较短，约为内轮花瓣长的1/3～2/3。

（4）聚合蓇葖果，黑色，具白色皮孔。

（5）花期3～4月，果期9～10月。

【原产地及分布】

本种是玉兰与紫玉兰的杂交种，南方城市多有栽培。

【生态习性】

喜光，喜温暖湿润气候，适应性强，耐寒、耐旱、耐瘠薄、耐半阴，对土质选择不严。速生，抗大气污染。

【配置建议】

（1）早春先花后叶，花色鲜艳，花型典雅，有香味，是优良的观花、香花树种。

（2）常丛植或群植，欣赏群花烂漫的景观效果。

【常见病虫害】

（1）病害 炭疽病。

（2）虫害 蚜虫和介壳虫。

16. 番荔枝

（释迦果、林檎）*Annona squamosa*　番荔枝科　番荔枝属

【识别特征】

（1）落叶乔木，高3～5m；树皮薄，灰白色，多分枝。

（2）单叶互生，纸质，排成2列，椭圆状披针形或长圆形，叶背苍白绿色。

（3）花单生或2～4朵聚生于枝顶或与叶对生，青黄色，下垂。

（4）果实聚合浆果圆球状或心状圆锥形，黄绿色，外面被白色粉霜。

（5）花期5～7月，果期6～11月。

【原产地及分布】

原产热带美洲；我国浙江、台湾、福建、广东、广西和云南等省区均有栽培。

【生态习性】

喜光，喜温暖湿润气候，耐阴，对土壤要求不严。

【配置建议】

（1）树形挺拔，果实形态独特，类似荔枝，为著名热带水果。

（2）可孤植或丛植于庭院、路缘、墙垣、建筑物前等处观赏。

【常见病虫害】

（1）病害　炭疽病、根腐病和蒂腐病。

（2）虫害　红蜘蛛和介壳虫。

17. 垂枝暗罗

（印度塔树）*Polyalthia longifolia* 'Pendula' 番荔枝科　暗罗属

【识别特征】

（1）常绿乔木，树冠锥形或塔形，主干直立，小枝纤细，暗褐色，下垂。

（2）单叶互生，长披针形，纸质，下垂，叶缘波状。

（3）花期3月中。

【原产地及分布】

广东、海南有栽培。

【生态习性】

喜高温多湿气候，要求排水良好，对土壤要求不严，不耐寒。

【配置建议】

（1）树形独特，四季常绿，是近年来流行于南方的观形树种。

（2）常孤植或丛植用作园景树。

【常见病虫害】

（1）病害　无。

（2）虫害　象鼻虫。

18. 阴香

（山玉桂、阴樟）*Cinnamomum burmannii*　　樟科　樟属

【识别特征】

（1）常绿乔木，高达14m，树冠近球形。树皮光滑，灰褐色至黑褐色。

（2）叶互生或近对生，卵圆形、长圆形至披针形，革质、光亮，离基三出脉，味似肉桂。

（3）圆锥花序腋生或近顶生，芳香，绿白色。

（4）果卵球形。

（5）花期3月，果期11月。

【原产地及分布】

原产我国福建、广东、海南、广西、云南以及亚洲其他热带地区。华南地区多见栽培。

【生态习性】

喜光，喜温暖湿润气候，喜肥沃排水良好的土壤，耐寒、抗风和抗大气污染。

【配置建议】

（1）树冠整齐，姿态优美；叶有香味，新叶呈淡红色，季相变化明显；花芳香。

（2）常孤植、列植或群植，作为园景树、庭荫树或行道树。

【常见病虫害】

（1）病害　粉实病和叶斑病。

（2）虫害　未见。

19. 樟

（香樟、樟树）*Cinnamomum camphora* 樟科 樟属

【识别特征】

（1）半常绿乔木，高30m。树皮不规则纵裂，树冠广卵形。枝、叶和果实有樟脑气味。枝条圆柱形，嫩枝绿色。

（2）单叶互生，软革质，卵状椭圆形，长6～12cm，全缘，绿色或黄绿色，有光泽，离基三出脉，脉腋上面明显隆起而下面有明显腺窝，窝内常被柔毛。

（3）圆锥花序腋生，花小，淡黄色。

（4）果球形，成熟时紫黑色。

（5）花期4～5月，果期8～11月。

【原产地及分布】

原产我国长江流域以南各地、我国台湾以及越南、朝鲜半岛和日本。

【生态习性】

喜光、喜温暖湿润气候，抗风、抗大气污染，耐烟尘，能吸收有毒气体；不耐

干旱和瘠薄，忌积水。生长较快，寿命长。稍耐阴，萌芽力强。

【配置建议】

（1）树冠宽阔，树姿雄伟，叶全年茂密翠绿，秋季老叶集中变红，呈现季相变化；有挥发性樟脑香味，绿荫效果好，能体现亚热带风光。寿命长，百年古树多见，深受人们喜爱，是杭州市、南昌市、宁波市、无锡市、苏州市、长沙市等的市树，在园林中配置呈现历史悠久的景观效果。

（2）可孤植作孤赏树或庭荫树，列植作行道树或丛植、群植营造风景林、防风林、具隔噪声效果。可配植于池边、湖畔、山坡或平地。樟树能吸收多种有毒气体，可用于厂矿区绿化。

【常见病虫害】

（1）病害　白粉病和黑斑病。

（2）虫害　樟叶蜂、樟天牛、樟梢卷叶蛾和樟巢螟。

20. 兰屿肉桂

（平安树）*Cinnamomum kotoense*　樟科　樟属

【识别特征】

（1）常绿乔木，高约15m。

（2）单叶对生或近对生，卵圆形至长圆状卵形，长8～14cm，宽4～9cm，先端锐尖，基部圆形，革质，光亮，离基三出脉；叶柄腹凹背凸，红褐色或褐色。

（3）花未见。

（4）果卵球形。

（5）果期8～9月。

【原产地及分布】

原产我国台湾南部。

【生态习性】

喜光、喜温暖湿润气候，稍耐阴，不耐干旱、积水、严寒和空气干燥。

【配置建议】

（1）树形端庄，四季常绿，叶光亮有形，为优良的观形、观叶树种。

（2）可孤植、丛植用作孤赏树、园景树；也可列植作行道树；对有害气体有抗性，可以用于矿区绿化及防护林带；也可盆栽用于室内居家观赏或酒店、商场、会议室等场所绿化。

【常见病虫害】

（1）病害　炭疽病、褐斑病和褐根病。

（2）虫害　卷叶虫和蚜虫。

露兜树科

21. 扇叶露兜树

（红刺林投、红刺露兜）*Pandanus utilis* 露兜树科 露兜树属

【识别特征】

（1）常绿灌木或小乔木，高4～5m。

（2）叶螺旋状叠生，披针形，革质，边缘红色具刺。

（3）雌雄异株，花具芳香味。

（4）聚花果圆球形或长圆形。

（5）花期1～5月。

【原产地及分布】

原产于马达加斯加。

【生态习性】

喜光，耐半阴；喜高温多湿环境，不耐寒、不耐旱。

【配置建议】

（1）株形挺拔，支持根棒状可爱，叶排列螺旋状，红色边刺有观赏性。

（2）可用于花坛、花境、山石旁、林缘、入口两侧等处配置，也可盆栽室内观赏，也可配置于水岸边或水中。

【常见病虫害】

未见病虫害。

棕榈科

22. 假槟榔

（亚历山大椰子）*Archontophoenix alexandrae*　棕榈科　假槟榔属

【识别特征】

（1）常绿乔木，高达25m。茎圆柱状，有阶梯状环状叶痕，基部略膨大。

（2）叶羽状全裂，生于茎顶，羽片呈2列排列，线状披针形，叶面绿色，叶背面被灰白色鳞秕状物，中脉明显。

（3）肉穗花序下垂，黄白色。

（4）果实卵球形，红色。

（5）花期4～6月，果期10～11月。

【原产地及分布】

原产澳大利亚东部。我国福建、台湾、广东、海南、广西、云南等热带、亚热带地区有栽培。

【生态习性】

喜光，喜温暖湿润气候，耐寒。

【配置建议】

（1）树形高大挺拔，环状叶痕别致，叶形秀丽，干生花相，是优良的观形、观花和观果树种。

（2）常用作园景树和行道树。

【常见病虫害】

（1）病害　立枯病和炭疽病。

（2）虫害　蝼蛄。

23. 霸王棕

（俾斯麦榈、霸王棕榈）*Bismarckia nobilis*

【识别特征】

（1）常绿乔木，高可达30m，原产地高可达80m。

（2）茎干光滑，结实，灰绿色。

（3）叶片巨大，长约3m，扇形，多裂，蓝灰色。

（4）雌雄异株，穗状花序；雌花序较短粗；雄花序较长，上有分枝。

（5）核果。

【原产地及分布】

原产马达加斯加。我国华南地区有栽培。生长迅速。

【生态习性】

喜光、喜温暖气候与排水良好的生长环境。耐瘠薄，对土壤要求不严。成株移栽应尽量保持完整土球。

【配置建议】

（1）树势雄伟；叶形奇特，舒展硕大，叶色奇异，极具异域风情。

（2）可孤植、丛植或列植做园景树，营造“椰风海韵”的热带海滨景观。

【常见病虫害】

（1）病害　极少发生病害。

（2）虫害　以食叶害虫为主。

24. 鱼尾葵

（青棕、钝叶董棕）*Caryota maxima*　　棕榈科　鱼尾葵属

【识别特征】

（1）常绿乔木，高15m。茎绿色，被白色的毡状茸毛，具环状叶痕。

（2）单叶互生，革质，二回羽状深裂，最上部的一羽片大，楔形，先端2～3裂，侧边的羽片小，菱形。

（3）穗状花序，长3～5m，黄色。

（4）果实球形，红色。

（5）花期6～7月，果期8～11月。

【原产地及分布】

原产福建、广东、海南、广西、云南等省区。亚热带地区有分布。

【生态习性】

耐阴，喜温暖湿润气候，不耐干旱，较耐寒。

【配置建议】

（1）树形挺直庄重，叶形如鱼尾，形态优美，可观形。

（2）可孤植、丛植、列植作园景树、孤赏树或行道树。

【常见病虫害】

（1）病害　灰霉病和叶斑病。

（2）虫害　椰心叶甲。

25. 董棕

（钝齿鱼尾葵）*Caryota obtuse*

【识别特征】

（1）常绿乔木，高25m。茎黄褐色，膨大或不膨大成花瓶状，具明显的环状叶痕。

（2）单叶互生，二回羽状全裂，长5～7m，弓状下弯；羽片斜楔形。

（3）穗状花序。

（4）果实球形，红色。

（5）花果期6～10月。

【原产地及分布】

原产福建、广东、海南、广西、云南等省区。亚热带地区有分布。

【生态习性】

耐阴，喜温暖湿润气候，不耐干旱。

【配置建议】

（1）树形挺直庄重，叶形如鱼尾，形态优美，可观形、观叶。

（2）可作园景树、孤赏树或次级园路的行道树。

【常见病虫害】

（1）病害　小苗期有叶斑病。

（2）虫害　小苗期防老鼠为害。

26. 三角椰子

（三角槟榔、三角棕）*Dypsis decaryi*　　棕榈科　马岛椰属

【识别特征】

（1）常绿乔木，高可达9m。树干灰白色，表面有环纹，圆柱形，基部略大。

（2）叶羽状全裂，裂片狭条形；叶鞘残存包被树干，排列呈三角形，蓝绿色。

（3）圆锥花序，花小，乳白色。

（4）果卵形，黄绿色。

（5）花期秋冬季。

【原产地及分布】

原产马达加斯加，现热带地区有栽培。

【生态习性】

喜高温多湿的热带气候，耐干旱，较耐寒。

【配置建议】

（1）三角形排列的叶鞘使得株形极富观赏价值，为优美的热带风光树种。

（2）可作园景树、行道树，也可盆栽观赏。

【常见病虫害】

（1）病害　枯萎病。

（2）虫害　有红棕象甲和椰心叶甲。

27. 酒瓶椰

（酒瓶椰子、酒瓶棕）*Hyophorbe lagenicaulis*　　棕榈科　酒瓶椰属

【识别特征】

（1）常绿乔木，树干平滑，中部及以下膨大，近顶部又收缩，形似酒瓶，高可达3m。

（2）叶羽状全裂，裂片30～50对，簇生于茎顶，条状披针形，排成两列。

（3）雌雄同株，肉穗花序。

（4）果长3cm，表面粗糙，形状不规则。

（5）花期8月，果次年3～4月成熟。

【原产地及分布】

原产马斯克林群岛，现热带地区有栽培。

【生态习性】

喜高温多湿的热带气候，生长缓慢，不耐寒。

【配置建议】

（1）茎干形似酒瓶，叶形秀丽，是一种非常珍贵的观形树种。

（2）可丛植用作园景树。

【常见病虫害】

（1）病害　心腐病和叶枯病。

（2）虫害　椰心叶甲和红棕象甲。

28. 蒲葵

（葵树）*Livistona chinensis*

【识别特征】

（1）常绿乔木，高20m，基部常膨大，树皮具环纹和纵裂纹。

（2）叶阔肾状扇形，掌状深裂至叶的2/3，先端再2裂，叶柄下部两侧有短刺。

（3）肉穗花序腋生，黄绿色。

（4）果实椭圆形（如橄榄状），黑褐色。

（5）花期3～4月，果期10～12月。

【原产地及分布】

原产我国南部。中南半岛亦有分布。

【生态习性】

喜高温多湿气候，较耐寒。喜光，耐阴。抗风力强，能在海边生长。

【配置建议】

（1）树形伞状，四季常青；叶大，扇形，为热带地区绿化的重要观形、观叶树种。

（2）可孤植作孤赏树、园景树或庭荫树，列植作行道树或群植于绿地作风景树。果实能吸引蝙蝠来，在岭南园林中认为是风水树，有“招福”的含义。叶可编制蒲扇。在珠江三角洲地区广为栽植。广州市流花湖公园的蒲葵路被认为是植物造景的成功案例。

【常见病虫害】

（1）病害　炭疽病和褐斑病。

（2）虫害　椰心叶甲。

29. 江边刺葵

（软叶刺葵、美丽针葵）*Phoenix roebelenii*　棕榈科　海枣属

【识别特征】

（1）常绿乔木，高可达4m，茎干具三角状突起。

（2）叶羽状深裂，裂片条状披针形，柔软，叶背沿叶脉有灰白色鳞秕，下部裂片退化成长软刺，裂片基部沿中脉向上对折。

（3）雌雄异株，肉穗花序腋生，佛焰苞黄绿色，花淡黄色，具芳香。

（4）果卵状椭圆形，初为橙黄色，成熟时转黑褐色。

（5）花期4～5月，果期6～9月。

【原产地及分布】

原产东南亚，热带地区广为栽培。

【生态习性】

喜光，喜高温多湿气候，对土壤要求不严；耐阴、耐旱、耐寒、耐瘠薄土壤；生长较快。

【配置建议】

（1）树形纤细柔美，叶柔软飘逸，是优良的观形、观叶树种。

（2）可用作园景树或道路分隔带树种，也可盆栽供室内空间绿化。

【常见病虫害】

（1）病害　叶枯病。

（2）虫害　椰心叶甲。

30. 银海枣

【识别特征】

（1）常绿乔木，高可达16m。

（2）叶集生枝顶，长可达5m，基部宿存；羽状全裂，呈2～4列排列，下部羽片较小或刺状。

（3）肉穗花序，长可达1m，花白色，芳香。

（4）果实卵球形，橙黄色，顶端具短尖头。

（5）果期9～10月。

【原产地及分布】

原产印度、缅甸。福建、广东、广西、云南等省区有引种栽培。

【生态习性】

喜光，喜高温湿润环境，对土质要求不严，耐旱、耐贫瘠、耐盐碱、耐海潮风。

【配置建议】

（1）株形挺拔，叶大型挺秀，排列有序，能够营造热带风光的景观效果。

（2）可用于建筑物前、花坛、路缘等处做园景树，也可用作行道树。

【常见病虫害】

（1）病害　褐斑病。

（2）虫害　水椰八角铁甲和椰心叶甲。

31. 大王椰

（王棕、大王椰子、文笔树）*Roystonea regia*　　棕榈科　大王椰属

【识别特征】

（1）常绿乔木，高20m。茎幼时基部膨大，老时中部膨大；树干灰白色，具环状叶痕。

（2）叶聚集于茎顶，长可达到3m以上，弓形下垂；羽状全裂，裂片条状披针形，呈4列。

（3）雌雄同株。肉穗花序排成圆锥花序；花小，白色。

（4）果实近球形至倒卵形，暗红色至紫黑色。

（5）花期4～6月，果期7～8月。

【原产地及分布】

原产美国佛罗里达州与古巴，我国南方常见应用，为世界著名热带风光树种。

【生态习性】

喜高温多湿气候，耐短暂低温。

【配置建议】

（1）叶大型，落叶时容易伤及游人，因此道路、广场等人流量大的区域，以及停车场靠近停车位的区域等不建议配置。

（2）树形高大挺拔，干灰白，环状叶痕明显，叶形大而美观，是优良的热带观形、观干树种。

（3）可用作园景树，也可水岸边配置。

【常见病虫害】

（1）病害　干腐病、炭疽病、叶斑病、灰斑病和流胶病。

（2）虫害　介壳虫和椰心叶甲。

32. 棕榈

（棕树）*Trachycarpus fortunei*　　棕榈科　棕榈属

【识别特征】

（1）常绿乔木，高可达10m，树干圆柱形，具密集网状纤维。

（2）叶近圆形，深裂成30～50片具皱折的线状剑形裂片，裂片先端具短2裂或2齿，硬挺或顶端下垂。

（3）花序腋生。

（4）果实阔肾形，淡蓝色，有白粉。

（5）花期4～10月，果期10～12月。

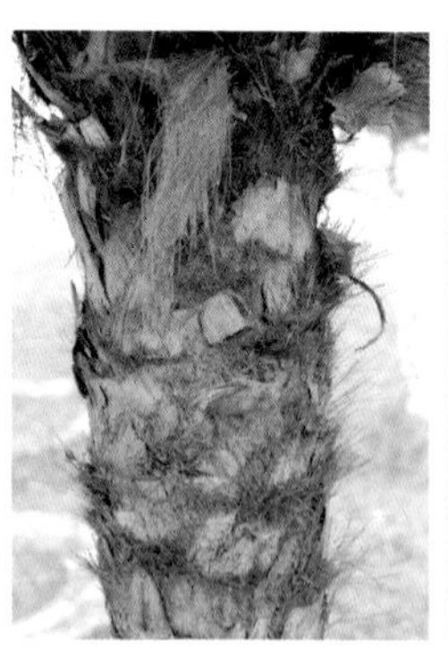

【原产地及分布】

分布于长江以南各省区。日本也有分布。

【生态习性】

喜温暖湿润的气候，耐寒、耐阴，抗污染能力强，在我国大部分区域可生长。根系浅，不抗风，生长慢。

【配置建议】

（1）树干挺直，叶形可爱，四季常青，抗寒性强，分布广，是优良的观形、观叶树种。

（2）可用作孤赏树、园景树和行道树。

【常见病虫害】

（1）病害　芽腐病和干腐病。

（2）虫害　红棕象甲和介壳虫。

33. 红花银桦

（昆士兰银桦）*Grevillea banksii* 山龙眼科 银桦属

【识别特征】

（1）常绿乔木，高可达8m，幼枝有毛。

（2）单叶互生，一回羽状深裂，小叶线形，叶背密生银白色茸毛。

（3）总状花序，顶生，花色橙红至鲜红色。

（4）蓇葖果歪卵形，扁平，褐色。

（5）花期3～5月。

【原产地及分布】

原产澳大利亚。我国西南、华南地区有栽培。

【生态习性】

喜光、喜温暖湿润气候，不耐寒。

【配置建议】

（1）树形优美，叶形雅致，叶背银白色，花色艳丽，花序独特，是近年来流行的观形、观双色叶、观花树种。

（2）可用作孤赏树、园景树、庭荫树，也可用作道路分隔带树种。

【常见病虫害】

（1）病害　灰霉病、叶斑病和立枯病。

（2）虫害　金龟子和红蜘蛛。

34. 银桦

【识别特征】

（1）常绿乔木，高达20m。

（2）单叶互生，二回羽状深裂，裂片5～12对，下面被毛，叶缘背卷。

（3）总状花序，橙黄色。

（4）蓇葖果卵状长圆形，稍偏斜。

（5）花期4～5月，果期6～7月。

【原产地及分布】

原产澳大利亚。云南、四川、广西、广东、福建、江西、浙江、台湾等地有栽培。

【生态习性】

喜光，喜温暖湿润气候，耐半阴，不耐寒，生长快。

【配置建议】

（1）树形高大挺直，叶形独特，正背面叶色不同；花金黄色似瓶刷，是优良的观形、观花、双色叶树种。

（2）可孤植作孤赏树、园景树、庭荫树。

（3）银桦随着树龄增加，脆弱枝干易风折伤人，不宜用作行道树。昆明市在新建园林绿地中不用银桦做行道树。

【常见病虫害】

（1）病害　心腐病、白粉病和锈病等。

（2）虫害　草鞋蚧和舞毒蛾。

35. 大花五桠果

（大花第伦桃）*Dillenia turbinata*　五桠果科　五桠果属

【识别特征】

（1）常绿乔木，高10m。

（2）单叶互生，倒卵形或长倒卵形，长15～30cm，革质，侧脉多而密，边缘有锯齿。

（3）总状花序；花大，直径10～13cm，黄色。

（4）浆果球形，红色。

（5）花果期1～9月。

【原产地及分布】

原产我国海南、云南、广东、广西以及越南。南方园林有应用。

【生态习性】

喜光，喜高温湿润气候，能耐半阴，抗风性好。

【配置建议】

（1）果实可引诱鸟类采食，可营造“鸟语花香”的景观效果。

（2）树姿挺拔，树冠浓密，叶形秀丽，花大艳丽，花型典雅；果实多汁微甜可食，是优良观形、观叶、观花、观果的乡土树种。

（3）优良的观形、观叶、观花树种。可作孤赏树、庭荫树。

【常见病虫害】

（1）病害　未见。

（2）虫害　蓝绿象成虫。

36. 枫香树

（白胶香、枫树）*Liquidambar formosana* 蕈树科 枫香树属

【识别特征】

（1）落叶乔木，高40m。树皮灰褐色，浅纵裂，老时不规则深裂。

（2）单叶互生，薄革质，掌状3裂，基部心形或截形，边缘有锯齿。

（3）雌雄同株，雄花总状花序，雌花头状花序，淡黄绿色。

（4）头状果序，蒴果，刺状萼片宿存。

（5）花期3～4月，果期10月。

【原产地及分布】

原产我国秦岭及淮河以南各省；越南北部、老挝及朝鲜南部也有分布。

【生态习性】

喜光，喜温暖湿润气候，耐旱、耐瘠薄。耐火烧，萌发力极强。深根性，抗风力强。

【配置建议】

（1）树形高大挺拔，姿态优雅，叶形秀丽，叶色秋季变红，果实带刺悬垂，可观形、观叶或观果。果实开裂时种子可从多处掉落，似管道很多，因此又名“路路通”。

（2）可用作孤赏树、园景树、庭荫树或行道树，也可用于工矿场区绿化。

【常见病虫害】

很少病虫害。

37. 红花荷

（红苞木）*Rhodoleia championii*　　金缕梅科　红花荷属

【识别特征】

（1）常绿乔木，高可达12m。

（2）单叶互生，厚革质，卵形，长7～13cm，先端钝或略尖，基部阔楔形，三出脉，叶面深绿色，光亮，下面灰白色，无毛，干后有多数小瘤状突起；叶柄长。

（3）头状花序弯垂，鳞状小苞片5～6；花瓣匙形，红色。

（4）蒴果卵圆形。

（5）花期3～4月，果期9～10月。

【原产地及分布】

原产我国广东、贵州和海南，东南亚也有分布。

【生态习性】

喜光，喜温暖湿润气候，喜肥沃富含腐殖质的壤土；不耐旱和瘠薄。

【配置建议】

（1）树形整齐，花形美观、色彩红艳。

（2）可用作孤赏树、园景树和行道树。

【常见病虫害】

（1）病害　未见。

（2）虫害　蝼蛄。

豆科

38. 大叶相思

（耳果相思）*Acacia auriculiformis*　　豆科　相思树属

【识别特征】

（1）常绿乔木。枝条下垂，树皮平滑，灰白色。

（2）幼苗具二回羽状复叶，小叶6～8对，后退化为叶状柄，镰状长圆形，长10～20cm，宽1.5～6cm，两端渐狭。

（3）穗状花序，黄色。

（4）荚果旋卷。

（5）花期7～8月及10～12月，果期12月至次年5月。

【原产地及分布】

原产澳大利亚北部及新西兰。广东、广西、福建、海南有引种栽培。

【生态习性】

喜温暖湿润气候，耐旱，适应性强，生长快，抗风力强，抗SO_2能力强。

【配置建议】

（1）树形高大，四季常青；叶形独特如空中弯月；花色金黄；果实扭曲有趣，是优良的观叶、观花、观果树种。

（2）可作孤赏树、园景树、行道树和四旁绿化树种。

【常见病虫害】

（1）病害　叶枯病和白粉病。

（2）虫害　白蚁。

39. 台湾相思

（台湾柳、相思树、相思子）*Acacia confusa* 豆科 相思树属

【配置建议】

（1）树形舒展，叶形纤秀，花色金黄有香味，果实如豆荚有趣。

（2）可孤植、列植、丛植作孤赏树、园景树、行道树、公路绿化树种等，也是绿化荒山、水土保持、防风固沙和薪炭林的优良树种。

【常见病虫害】

（1）病害 根腐病和锈病。

（2）虫害 蓟马和红蜘蛛。

【识别特征】

（1）常绿乔木，高可达15m。

（2）叶状柄披针形，长6～10cm，宽5～13mm，直或微呈弯镰状，两端渐狭，先端略钝。

（3）头状花序球形，单生，金黄色，有微香。

（4）荚果扁平，于种子间微缢缩。

（5）花期3～8月，果期7～10月。

【原产地及分布】

原产我国台湾、福建、广东、广西、云南。菲律宾、印度尼西亚、斐济有分布。

【生态习性】

喜光，喜暖热气候，耐半阴，耐旱，耐贫瘠土壤，也耐短期积水。

40. 马占相思

（旋荚相思树）*Acacia mangium*　　豆科　相思树属

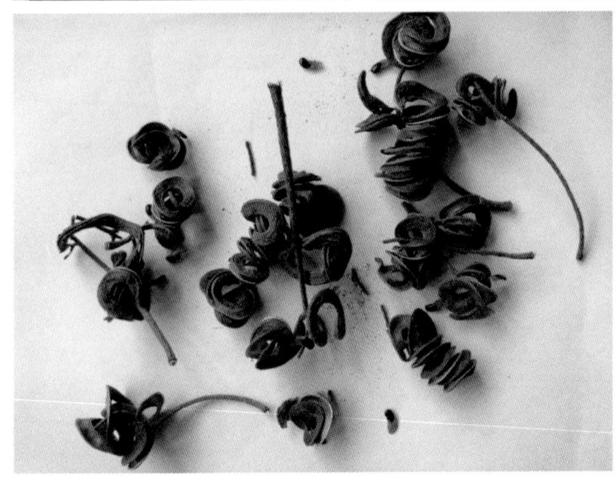

【识别特征】

（1）常绿乔木，高达18m。

（2）叶状柄纺锤形，长12～15cm，宽2～4cm，中部宽，两端收窄。

（3）穗状花序腋生，下垂，淡黄色。

（4）荚果扭曲。

（5）花期10月。

【原产地及分布】

原产澳大利亚、印度尼西亚和马来西亚。我国广东、广西、海南等地区有栽培。

【生态习性】

喜光，喜温暖湿润气候，不耐寒，生长快。耐贫瘠土壤。抗粉尘、HCl和SO_2能力强。

【配置建议】

（1）树干挺直，叶形独特，花色金黄，果实扭曲有趣，可观形、观叶、观花和观果。

（2）可列植或群植作行道树、公路绿化树种，也可用于绿化荒山、水土保持、防风固沙和薪炭林。

【常见病虫害】

（1）病害　白粉病。

（2）虫害　夜蛾和白蚁。

41. 海红豆

（红豆、相思豆）*Adenanthera microsperma* 豆科 海红豆属

【识别特征】

（1）落叶乔木，高可达10m，树皮光滑。

（2）二回羽状复叶，羽片4～12对，每一羽片有小叶8～14枚，互生；小叶长圆形或卵形，长2.5～3.5cm。

（3）圆锥状花序顶生，花小，白色或淡黄色，芳香。

（4）荚果带状，弯曲，成熟时果瓣旋扭。种子鲜红色，有光泽。

（5）花期4～7月，果期7～10月。

【原产地及分布】

原产云南、贵州、广西、广东、福建和台湾。东南亚至中南半岛也有分布。

【生态习性】

喜光，喜温暖湿润气候，对土壤要求不严，稍耐阴，生活力强，生长快。

【配置建议】

（1）树姿婆娑秀丽，复叶排列整齐美观，叶色淡绿青翠。种子光亮艳丽，串在一起作为手链等，为妇女装饰之物。是优良的观形、观叶和观果树种。

（2）可用作孤赏树、园景树、庭荫树。为热带地区优良的园林风景树和绿化树。

【常见病虫害】

（1）病害　立枯病和白粉病。

（2）虫害　蚜虫。

42. 红花羊蹄甲

（红花紫荆、洋紫荆）*Bauhinia*×*blakeana* 豆科　羊蹄甲属

【识别特征】

（1）常绿乔木。

（2）单叶互生，革质，近圆形或阔心形，长8～13cm，宽9～14cm，基部浅心形，先端2裂达叶长的1/4～1/3，裂片顶钝或狭圆，基出脉11～13条。

（3）总状花序顶生或腋生，紫红色，有香味。花5瓣，能育雄蕊5枚，3枚较长。

（4）不结果。

（5）几乎全年开花，盛花期在春秋两季。

【原产地及分布】

原产香港，现广东、福建、香港多栽培。

【生态习性】

喜光，喜温暖湿润气候，适应性强，不耐寒、耐旱、耐瘠薄、不抗风。

【配置建议】

（1）树冠平展，叶形奇特可爱，花色艳丽，花期长。

（2）可用作孤赏树、园景树、庭荫树或行道树。是香港特别行政区的区花。

【常见病虫害】

（1）病害　枝枯病。

（2）虫害　天牛和木蠹蛾。

43. 羊蹄甲

（弯叶树、宫粉羊蹄甲）*Bauhinia purpurea*　　豆科　羊蹄甲属

【识别特征】

（1）常绿乔木，高8m。

（2）单叶互生，近革质，广卵形至近圆形、圆形，长5～12cm，宽9～14cm，基部浅心形，先端分裂达叶长的1/3～1/2，基出脉9～11条。

（3）总状花序腋生或顶生，桃红色，能育雄蕊3～4。

（4）荚果带状，扁平，弯镰状。

（5）花期10月，果期2月至翌年5月。

【原产地及分布】

原产我国南部。中南半岛、印度、斯里兰卡有分布。

【生态习性】

喜光，喜温暖气候，耐水湿、不耐旱。

【配置建议】

（1）树形美观，枝丫低垂，叶形独特，花大而艳丽，花期长。

（2）可用作园景树、庭荫树、孤赏树或行道树。

【常见病虫害】

（1）病害　枯萎病和角斑病。

（2）虫害　天牛。

44. 洋紫荆

（宫粉羊蹄甲、玲甲花）*Bauhinia variegata* 豆科 羊蹄甲属

【识别特征】

（1）落叶乔木，树皮暗褐色，近光滑。枝硬而稍呈之字曲折。

（2）单叶互生，近革质，广卵形至近圆形，长5～9cm，宽7～11cm，基部浅至深心形，有时近截形，先端2裂达叶长的1/3，裂片阔，钝头或圆，基出脉9～13条。

（3）伞房花序，淡紫红色，能育雄蕊5。

（4）荚果带状，扁平。

（5）花期3～4月，果期6月。

【原产地及分布】

原产我国南部。印度、中南半岛有分布。

【生态习性】

喜光，喜温暖湿润气候，耐干旱和瘠薄，对土质要求不严，不抗风。

【配置建议】

（1）树形高大婆娑，淡紫红色花早春先叶开放，秋季落叶前叶色变黄，是优良的观形、观花、秋色叶树种。是广东春季流行先花后叶树种。

（2）可孤植、丛植、列植作孤赏树、园景树或行道树。

【常见病虫害】

（1）病害　角斑病和煤烟病。

（2）虫害　白蛾蜡蝉、蚜虫、夜蛾和天牛。

45. 腊肠树

（阿勃勒、牛角树）*Cassia fistula*　　豆科　腊肠树属

【识别特征】

（1）落叶乔木，高可达15m，枝细长。

（2）一回羽状复叶，小叶近对生，4～8对，薄革质，阔卵形或卵状长圆形。

（3）总状花序长，疏散、下垂，与叶同放，黄色。

（4）荚果圆柱形，长30～60cm，黑褐色，不开裂。

（5）花期5～8月，果期9～10月。

【原产地及分布】

原产印度、缅甸和斯里兰卡。我国南部和西南部各省区均有栽培。

【生态习性】

喜高温多湿气候，不耐旱、不耐寒、喜光、忌荫蔽。

【配置建议】

（1）枝条极长，叶形秀丽，初夏黄色花序串珠状下垂，极为可爱。果实如腊肠悬垂树上。

（2）可孤植、列植、丛植或群植作孤赏树、园景树、庭荫树或行道树。

【常见病虫害】

（1）病害　斑叶病和灰霉病。

（2）虫害　蚜虫和夜蛾。

46. 凤凰木

（凤凰花、红花楹）*Delonix regia* 豆科 凤凰木属

【识别特征】

（1）落叶乔木，高达20m。分枝多而开展。

（2）二回偶数羽状复叶，叶轴上具槽，基部膨大呈垫状；羽片对生，15～20对，小叶25对，密集对生，长圆形，先端钝，全缘，基部偏斜。

（3）伞房花序顶生或腋生，鲜红至橙红色，花瓣5，开花后向花萼反卷。

（4）荚果带状，扁平。

（5）花期5～8月，果期10～12月。

【原产地及分布】

原产马达加斯加，世界热带地区常栽种。我国云南、广西、广东、福建、台湾、香港等地有栽培。

【生态习性】

喜光，喜温暖湿润气候，生长快，适应性强。不耐寒，耐烟尘差。

【配置建议】

（1）树形高大，枝叶扶疏，花多色艳，花形奇特，荚果粗大而长。在岭南私家园林中取“凤凰来兮”之意，作风水树。

（2）可作孤赏树、园景树、庭荫树或行道树。

【常见病虫害】

（1）病害　白纹羽病、溃疡病和根腐病。

（2）虫害　夜蛾、尺蛾和叶蝉。

47. 龙牙花

（珊瑚刺桐、象牙红）*Erythrina corallodendron* 豆科 刺桐属

【识别特征】

（1）落叶乔木，高5m。干和枝条散生皮刺。

（2）三出羽状复叶，小叶菱状卵形，先端渐尖而钝或尾状，基部宽楔形，有时叶柄上和下面中脉上有刺。

（3）总状花序腋生，长可达30cm以上，深红色，花与花序轴成直角或稍下弯，狭而近闭合。

（4）荚果，先端有喙，在种子间收缢。

（5）花期6～11月。

【原产地及分布】

原产南美洲。广州、广西、贵州、云南、浙江和台湾等地有栽培。

【生态习性】

喜温暖湿润气候。

【配置建议】

（1）姿态优美，枝叶扶疏，花色艳红，形态奇特。

（2）可用作孤赏树或园景树，也可盆栽作室内绿化和观赏。

【常见病虫害】

（1）病害　枯萎病、炭疽病和根腐病。

（2）虫害　根瘤线虫。

48. 鸡冠刺桐

（美丽刺桐）*Erythrina crista-galli*

【识别特征】

（1）常绿小乔木，树干深纵裂，无刺。

（2）三出羽状复叶，小叶柄具皮刺，长卵形或披针状长椭圆形，叶背灰绿色。

（3）总状花序顶生，花深红色，稍下垂或与花序轴成直角；花萼钟状，先端二浅裂，旗瓣反折。

（4）荚果，褐色，种子间缢缩。

（5）花期4～7月。

【原产地及分布】

原产巴西，我国广东、台湾、云南有栽培。

【生态习性】

喜光，喜高温湿润气候，适应性强、耐旱、较耐寒。

【配置建议】

（1）树形古朴，花大繁密，红色艳丽，花形奇特，是优良的观形、观花树种。

（2）可孤植、丛植、列植作园景树、孤赏树或行道树。

【常见病虫害】

（1）病害　真菌性病。

（2）虫害　吹绵蚧和刺桐姬小蜂。

49. 刺桐

（鸡公树、广东象牙红）*Erythrina variegata* 豆科 刺桐属

【识别特征】

（1）落叶乔木，高20m。干皮有圆锥形黑色直刺。

（2）三出羽状复叶，小叶宽卵形或菱状卵形，顶端小叶宽大于长，长10～15cm；小托叶变为宿存腺体。

（3）总状花序顶生，花萼佛焰苞状，花冠红色，春季先花后叶。

（4）荚果肥厚，成熟时黑色，种子间略缢缩。

（5）花期3月，果期8月。

【原产地及分布】

原产印度至大洋洲。我国台湾、福建、广东、广西等省区有分布和应用。

【生态习性】

喜光，喜温暖气候，耐旱、耐海潮风、抗风、抗大气污染、不耐寒。生长较快。

【配置建议】

（1）刺桐是阿根廷国花；中国吉林省通化市、福建省泉州市的市花。

（2）树形古朴，花形独特，花色艳丽，早春先花后叶。

（2）常用作孤赏树、园景树。

【常见病虫害】

（1）病害 叶斑病。

（2）虫害 刺桐姬小峰和白粉虱。

50. 南洋楹

（楹树、仁仁树、仁人树）*Falcataria moluccana*　豆科　南洋楹属

【识别特征】

（1）常绿乔木，树干通直。

（2）二回偶数羽状复叶，羽片6～20对，总叶柄基部及叶轴中部以上羽片着生处有腺体；小叶6～26对，无柄，菱状长圆形，中脉偏于上边缘。

（3）穗状花序腋生，花小，初白色，后变黄。

（4）荚果带形。

（5）花期4～5月，果期7～9月。

【原产地及分布】

原产马六甲及印度尼西亚马鲁古群岛。我国福建、广东、广西有栽培。

【生态习性】

喜光，喜温暖高湿气候，不抗风，生长快。老树易受寄生植物的侵害，易被雷击。

【配置建议】

（1）树形高大，姿态优美；枝叶扶疏秀丽，是优良的观形树种。

（2）可孤植、丛植作园景树、孤赏树或庭荫树。雷雨天气易被雷击折断树枝，伤及路人。

【常见病虫害】

（1）病害　猝倒病和黄化病。

（2）虫害　夜蛾、蓟马和天牛。

51. 银合欢

（白合欢）*Leucaena leucocephala*　　豆科　银合欢属

【识别特征】

（1）小乔木或灌木，高可达6m。

（2）二回羽状复叶，在总叶柄最下及最上一对羽片着生处各有腺体1枚；羽片4～8对，小叶5～15对，线状长圆形，中脉偏向小叶上缘。

（3）头状花序腋生，白色。

（4）荚果带状，红色。

（5）花期4～7月，果期8～12月。

【原产地及分布】

原产热带美洲，台湾、福建、广东、广西和云南有分布。

【生态习性】

喜光，耐干旱、瘠薄，抗旱；根深，抗风力强；萌芽力强。

【配置建议】

（1）树形优美，花繁叶茂，荚果红色带状，是观形、观花、观果的优良树种。

（2）可用作园景树或公路边坡绿化。

【常见病虫害】

（1）病害　未见病害。

（2）虫害　异木虱。

52. 海南红豆

（羽叶红豆、鸭公青）*Ormosia pinnata*　　豆科　红豆属

【识别特征】

（1）常绿乔木，高18m。

（2）奇数羽状复叶，小叶7～9枚，薄革质，披针形，长12～15cm，亮绿色。

（3）圆锥花序顶生，乳白色。

（4）荚果念珠状，黄色。种子椭圆形，红色。

（5）花期7～8月，果实冬季成熟。

【原产地及分布】

原产广东、海南、广西。华南地区广泛栽培。越南、泰国也有分布。

【生态习性】

喜光，喜高温多湿气候，适应性强，耐寒、耐半阴、抗大气污染、抗风、不耐干旱、速生。

【配置建议】

（1）树冠圆伞形，枝叶茂盛，四季常绿，树姿高雅，果形可爱，种子红艳。

（2）可孤植、列植或丛植作孤赏树、园景树、庭荫树或行道树。

【常见病虫害】

（1）病害　根腐病和角斑病。

（2）虫害　砂蛀蛾。

53. 紫檀

【识别特征】

（1）落叶乔木，高30m。树皮纵裂。

（2）羽状复叶，小叶6～10枚，互生，卵形顶端有一小叶。

（3）圆锥花序顶生或腋生，芳香，黄色。

（4）荚果圆形，扁平。

（5）花期4月。

【原产地及分布】

原产印度、菲律宾、印度尼西亚和缅甸。我国台湾、福建、广东、广西、云南等地有栽培。

【生态习性】

喜光，喜高温湿润气候，适应性强，耐干旱，抗风，不耐寒。生长快，易移植。

【配置建议】

（1）树冠广阔，枝条特长，复叶秀丽，花有香味，是优良观形树种。

（2）可用作园景树、庭荫树和行道树。

【常见病虫害】

（1）病害　黑痣病、炭疽病和灰霉病。

（2）虫害　金龟子。

54. 中国无忧花

（火焰花）*Saraca dives* 豆科 无忧花属

【识别特征】

（1）常绿乔木，高20m。

（2）偶数羽状复叶，叶具圆柱状短粗柄，柄长2～3cm；小叶5～6对，近革质，长椭圆形、卵状披针形或长倒卵形，长15～35cm，宽5～12cm，基部1对常较小；嫩叶略带紫红色，下垂。

（3）总状花序腋生，较大，花瓣退化，花萼管顶端4裂，橙黄色，雄蕊8～10。

（4）荚果棕褐色，扁平，长可达30cm。

（5）花期4～5月，果期7～10月。

【原产地及分布】

原产我国云南、广东、广西以及越南和老挝。我国南方城市有栽培。

【生态习性】

喜光，喜高温湿润气候，喜富含有机质排水良好的土壤，不耐寒。

【配置建议】

（1）树形宽大，复叶大而秀丽，花大美丽，新叶红色下垂可爱，是优良的观形、观花、春色叶树种。

（2）可孤植或丛植作孤赏树、园景树或庭荫树。

【常见病虫害】

（1）病害　未见。

（2）虫害　茸毒蛾和荔枝异形小卷蛾。

55. 铁刀木

（黑心树）*Senna siamea*　　豆科　决明属

【识别特征】

（1）落叶乔木，高10m。树皮灰色，近光滑，稍纵裂。

（2）偶数羽状复叶（稀奇数羽状复叶），无腺体；小叶对生，6～10对，革质，长圆形或长圆状椭圆形，长3～7cm，顶端圆钝，常微凹，有短尖头，基部圆形，边全缘。

（3）伞房总状花序腋生，黄色。

（4）荚果扁平，长15～30cm。

（5）花期10～11月，果期12月至次年1月。

【原产地及分布】

除云南有野生外，南方各省区均有栽培。印度、缅甸、泰国有分布。

【生态习性】

喜光，喜温暖湿润气候，抗风力强，生长快，易移植。

【配置建议】

（1）树形高大挺拔，枝叶茂盛，花期长，花色靓丽。

（2）可用作孤赏树、园景树、庭荫树、行道树或防护林。

【常见病虫害】

（1）病害　未见病害。

（2）虫害　天牛。

56. 黄槐决明

（黄槐）*Senna surattensis*

【识别特征】

（1）落叶乔木，高可达7m。树皮光滑，灰褐色。

（2）偶数羽状复叶，叶柄及最下部2～3对小叶间的叶轴上有2～3枚棒状腺体，小叶7～9对，长椭圆形至卵形，长2～5cm，宽1～1.5cm，叶端圆而微凹，叶基圆形而常偏歪，叶背粉绿色，有短毛。

（3）伞房状总状花序腋生，黄色；雄蕊10枚，全发育，2枚较长。

（4）荚果扁平，带状。

（5）花果期几乎全年。

【原产地及分布】

原产东南亚地区，我国广西、广东、福建、台湾等省区常见栽培。

【生态习性】

喜光，喜温暖湿润气候，适应性强，耐寒、耐半阴、不抗风。

【配置建议】

（1）枝叶茂密，树姿优美，花期特长，花色金黄艳丽，为优良的观形、观花树种。

（2）常丛植或列植作园景树和行道树。

【常见病虫害】

（1）病害　猝倒病。

（2）虫害　介壳虫。

蔷薇科

57. 桃

（毛桃、白桃）*Amygdalus persica*　　蔷薇科　桃属

【识别特征】

（1）落叶乔木，高3～8m；树皮暗红褐色，老时粗糙呈鳞片状。小枝绿色，细长，有光泽，向阳处转变成红色，具大量小皮孔。

（2）单叶互生，椭圆状披针形，先端渐尖，基部宽楔形，上面无毛，下面在脉腋间具少数短柔毛或无毛，叶边具细锯齿或粗锯齿。

（3）花单生，先于叶开放，粉红色、红色。

（4）核果，可食用。

（5）花期3～4月，果期6～9月。

【原产地及分布】

原产我国，各省区广泛栽培。世界各地均有栽植。

【生态习性】

喜光、耐寒、不耐旱。

【配置建议】

（1）在广东有过年家里摆设桃花的习俗，取“发达、桃花运”之意。

（2）树形小巧，姿态优雅，花形古朴，早春先叶开放，是著名的观形、观花树种。

（3）可孤植于庭院，丛植于草地上，或与柳树间植。杭州苏堤“一株桃花一株柳”为桃花的经典配置，形成“桃红柳绿”的景观效果。

【常见病虫害】

（1）病害　缩叶病、褐腐病、炭疽病和流胶病等。

（2）虫害　蚜虫和食心虫。

58. 梅

（春梅、梅花）*Armeniaca mume*　　蔷薇科　杏属

【识别特征】

（1）落叶小乔木，高可达10m；树皮浅灰色或带绿色，平滑；小枝绿色，光滑无毛。

（2）单叶互生，卵形或椭圆形，长4～10cm，宽2～5cm，先端尾尖，基部宽楔形至圆形，叶边常具小锐锯齿，灰绿色；叶柄长1～2cm，有腺体。

（3）花单生或有时双生，芳香，先叶开放，白色至粉红色。

（4）果实近球形，黄色或绿白色。

（5）花期1～2月，果期5～6月（在华北果期延至7～8月）。

【原产地及分布】

原产我国西南地区，已有三千多年的栽培历史，现各地均有栽培，但以长江流域以南各省最多，已有品种在华北引种成功。日本和朝鲜也有分布。

【生态习性】

喜光、不耐旱，对土壤要求不严。耐寒、寿命长。

【配置建议】

（1）梅为我国传统名花，深受人们喜爱，与松、竹合称“岁寒三友”，与兰、竹、菊合称为“花中四君子”。“疏影横斜水清浅，暗香浮动月黄昏”被认为是千古咏梅绝唱。

（2）树姿古朴，花形秀丽典雅，傲霜斗雪，不畏严寒，是君子的象征，是著名的观花、观形树种。

（3）可孤植、丛植、群植于庭院、路缘或草地上，也可用于梅花专类园，比如广州市的香雪公园。此外也可制作老桩盆景。

【常见病虫害】

（1）病害　炭疽病、褐腐病和流胶病等。

（2）虫害　蓑蛾。

59. 钟花樱桃

（山樱花、福建三樱花）*Cerasus campanulata*　蔷薇科　樱属

【识别特征】

（1）落叶乔木，高可达8m，树皮灰褐色或灰黑色。

（2）单叶互生，卵状椭圆形或倒卵椭圆形，长5～9cm，宽2.5～5cm，先端渐尖，基部圆形，边有渐尖单锯齿及重锯齿，齿尖有腺体；叶柄长1～1.5cm，顶端有1～3枚腺体。

（3）伞形花序，花瓣白色，稀粉红色。

（4）核果球形。

（5）花期4～5月，果期6～7月。

【原产地及分布】

原产黑龙江、河北、山东、江苏、浙江、安徽、江西、湖南、贵州等地。日本、朝鲜也有分布。

【生态习性】

喜光，喜温暖湿润气候，较耐寒。

【配置建议】

（1）春季先花后叶，花团锦簇，花色淡雅。

（2）可丛植作园景树，也可群植营造繁花似锦的景观效果，也可在水岸边配置。

【常见病虫害】

（1）病害　流胶病、褐斑病和叶枯病。

（2）虫害　蚜虫、红蜘蛛和介壳虫等。

60. 枇杷

（卢桔）*Eriobotrya japonica*　　蔷薇科　枇杷属

【识别特征】

（1）常绿乔木，高可达10m；小枝粗壮，黄褐色，密生锈色或灰棕色茸毛。

（2）单叶互生，革质，倒卵形或长圆形，长12～30cm，先端急尖或渐尖，基部楔形或渐狭成叶柄，上部边缘有疏锯齿，基部全缘，光亮，多皱，下面密生灰棕色茸毛；叶柄短，有灰棕色茸毛。

（3）圆锥花序顶生，乳白色，芳香。

（4）果实长圆形，橘黄色。可食用。

（5）花期10～12月，果期次年5～6月。

【原产地及分布】

原产于我国黄河以南各地区。我国各地多有栽培。

【生态习性】

喜光、喜温暖气候、耐阴、耐寒。生长缓慢、寿命长。

【配置建议】

（1）树形整齐美观，花色素雅，有香味，果实金黄可食，也是重要的经济果树。

（2）可用于庭院、生态果园或一般园林绿地的园景树。

【常见病虫害】

（1）病害　褐斑病。

（2）虫害　黄毛虫。

榆科

61. 榔榆

（掉皮榆）*Ulmus parvifolia* 榆科 榆属

【识别特征】

（1）落叶乔木，高达25m。树冠广圆形；树皮灰色或灰褐色，不规则鳞状薄片剥落，露出红褐色内皮。

（2）单叶互生，卵状椭圆形或倒卵形，长2～5cm，先端尖，基部偏斜，边缘有锯齿。

（3）花两性，春季先叶开放，总状聚伞花序或呈簇生状。

（4）翅果扁平。

（5）花期8～9月，果期10～11月。

【原产地及分布】

分布于长江以南各省区。日本、朝鲜也有分布。

【生态习性】

喜光、喜温暖气候、耐干旱，对土壤要求不严；对SO_2、烟尘及有毒重金属抗性强，对粉尘有较强的吸附能力。

【配置建议】

（1）树冠圆锥形，树皮红褐色斑驳，叶形秀丽，可观干和观叶。

（2）可用作园景树、庭荫树、孤赏树或盆景植物。

【常见病虫害】

（1）病害 根腐病。

（2）虫害 介壳虫、天牛和刺蛾等。

大麻科

62. 朴[pò]树

（黄果朴）*Celtis sinensis* 大麻科 朴属

【识别特征】

（1）落叶乔木，高可达20m，树冠广圆形。

（2）单叶互生，卵形或卵状椭圆形，三出脉，基部偏斜，中部以上有浅钝齿。

（3）圆锥花序。

（4）核果近球形，橙红色或橙黄色。

（5）花期3～4月，果期9～10月。

【原产地及分布】

原产长江以南各地区。园林中常见栽培。

【生态习性】

喜光、稍耐阴，喜温暖气候；深根性，抗风力强，对有毒气体抗性强，对烟尘、粉尘的吸附力强，降噪效果好，防火性能好，耐轻盐碱地；寿命较长。

【配置建议】

（1）树体高大，树姿古雅，夏秋季果实橙红色，秋叶金黄色。果实可诱鸟。

（2）可用作孤赏树、园景树、庭荫树或行道树，也可作工矿区绿化树种、防护林或涵养水源林，也是盆景制作常用树种。

【常见病虫害】

（1）病害　白粉病、烟煤病和叶斑病。

（2）虫害　白蚁、木虱和红蜘蛛。

63. 面包树

（面包果）*Artocarpus communis* 桑科 波罗蜜属

【识别特征】

（1）常绿乔木，高可达15m。树皮灰褐色。

（2）单叶互生，厚革质，卵形至卵状椭圆形，长10～50cm，成熟叶两侧多3～8羽状深裂，表面深绿色，有光泽，背面浅绿色，全缘。乳汁丰富。

（3）雌雄同株，头状花序腋生。

（4）聚花果椭圆形。

（5）花果期春夏季。

【原产地及分布】

原产太平洋群岛及印度及菲律宾，我国福建、台湾、广东、海南有栽培。

【生态习性】

喜光、喜高温多湿气候。

【配置建议】

（1）树冠直立，叶大形而形态特别，果实似面包。

（2）可孤植、丛植、列植作孤赏树、园景树或行道树，为特殊的观叶、观果树种。

【常见病虫害】

（1）病害　未见。

（2）虫害　棉铃虫、跳甲、可可盲蝽和天牛等。

64. 波罗蜜

（树菠萝、菠萝蜜）*Artocarpus heterophyllus*　　桑科　波罗蜜属

【识别特征】

（1）常绿乔木，高可达20m，老时具板根，小枝有环状托叶痕。

（2）单叶互生，椭圆形至倒卵形，长7～15cm，全缘，厚革质，叶面光亮。

（3）雌雄同株，花序生老茎或短枝上。

（4）聚花果椭圆形至球形，黄色，外被六角形瘤状突起，可食用。

（5）花期2～3月，果期7～8月。

【原产地及分布】

原产印度河马来西亚。华南地区有栽培。

【生态习性】

喜光、喜高温多湿气候，稍耐阴，忌低洼积水。

【配置建议】

（1）树大荫浓，叶宽大油亮，干生花相，果形独特可食用，为独特的观叶、观果树种。

（2）可孤植、丛植、列植作孤赏树、园景树、庭荫树或行道树。

【常见病虫害】

（1）病害　果腐病和炭疽病。

（2）虫害　吹绵蚧。

65. 构树

（楮树）*Broussonetia papyrifera*

【识别特征】

（1）落叶乔木，高可达20m，有乳汁。

（2）单叶互生，广卵形至长椭圆状卵形，长6～20cm，先端渐尖，基部心形，偏斜，边缘有粗锯齿，不裂或有不规则3～5裂，表面粗糙，两面有柔毛。

（3）雌雄异株，雄花柔荑花序；雌花头状花序，花柱线状。

（4）聚花果圆球形，橙红色。

（5）花期3～5月，果期4～9月。

【原产地及分布】

原产我国南北各地。

【生态习性】

强阳性，耐旱、耐瘠薄土壤，适应性极强。根系浅，侧根分布很广；生长快，萌芽力和分蘖力强，耐修剪。抗污染性强。

【配置建议】

（1）树大荫浓，叶形大而独特，雄花序如毛毛虫可爱，雌花序色彩鲜艳，秋季落叶前叶色变黄。

（2）可用做园景树、庭荫树，也适用于工厂、矿区及荒山坡地防护林绿化。

【常见病虫害】

（1）病害　烟煤病。

（2）虫害　天牛。

66. 高山榕

（大叶榕、大青树）*Ficus altissima* 桑科 榕属

【识别特征】

（1）常绿乔木，高可达30m，有气生根。

（2）单叶互生，厚革质，广卵形至广卵状椭圆形，长10～21cm，全缘，两面光滑，叶脉明显。

（3）隐头花序。

（4）榕果卵圆形，橙红色。

（5）花果期3～12月。

【原产地及分布】

原产海南、广东、广西、云南、四川。东南亚地区各国有分布。

【生态习性】

喜光，喜高温高湿气候，抗风、抗大气污染，生长迅速，移植易成活。不耐海潮风，海边生长不理想。

【配置建议】

（1）树形高大挺拔，叶大荫浓，果色艳丽，气生根发达，是热带地区常见特色树种，可形成独木成林的景观。

（2）可作孤赏树、园景树、庭荫树或行道树，也可制作盆景。现园林中还有花叶高山榕（'Variegata'），叶上有黄色或黄绿色斑。

【常见病虫害】

（1）病害　叶斑病、黄化病、白粉病和煤烟病。

（2）虫害　介壳虫。

67. 垂叶榕

【识别特征】

（1）常绿乔木，高达20m。小枝下垂。有气生根。

（2）单叶互生，薄革质，卵形至卵状椭圆形，长3.5 ~ 10cm，顶端尾状渐尖，微外弯，全缘，有乳汁。

（3）隐头花序，外观看似果实形状。

（4）榕果成对或单生叶腋，球形，红色至黄色。

（5）花果期8 ~ 12月。

【原产地及分布】

原产广东、海南、广西、云南、贵州。东南亚地区有分布。

【生态习性】

喜光，喜高温多湿气候，对土壤要求不严；耐荫，耐潮湿，耐瘠薄，抗风，抗大气污染，不耐干旱；耐强度修剪，移栽易成活。

【配置建议】

（1）树形挺拔，叶常下垂，叶簇油亮。

（2）耐修剪，常被修剪为圆柱形造型树或绿篱；也可作园景树、庭荫树或行道树。园林中还有花叶垂榕（'Variegata'），叶上有白色或乳白色斑。

【常见病虫害】

（1）病害　叶斑病。

（2）虫害　灰白蚕蛾、榕管蓟马和红蜘蛛。

68. 印度榕

（印度橡皮树、印度橡胶榕、橡皮树）*Ficus elastica* 桑科 榕属

【识别特征】

（1）常绿乔木，高达45m，富含乳汁，有气生根。

（2）单叶互生，厚革质，光亮，长椭圆形，长10～30cm，全缘，中脉显著；托叶大，淡红色。

（3）隐头花序。

（4）榕果成对生于叶腋，黄绿色。

（5）花果期9～11月。

【原产地及分布】

原产印度、缅甸。华南地区常见栽培，长江以北作盆栽。

【生态习性】

喜光，喜温暖湿润气候，耐阴，耐旱，耐瘠薄，不耐寒，抗污染，萌芽力强，耐修剪。

【配置建议】

（1）树形宽广，叶色深绿油亮，遮阴效果好，托叶大型而红色。

（2）可用作孤赏树、园景树、庭荫树或大型盆栽绿植观赏。现已有黑叶、斑叶类品种。园林中还有花叶印度榕（‘Variegata’），叶上有红色或黄色斑。

【常见病虫害】

（1）病害　灰霉病、炭疽病和叶枯病。

（2）虫害　未见。

69. 大琴叶榕

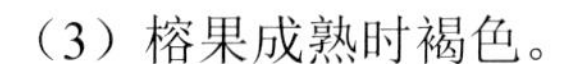

（琴叶榕）*Ficus lyrata*　　桑科　榕属

【识别特征】

（1）常绿乔木。

（2）单叶互生，叶大，大提琴形，叶背具褐色微毛，托叶褐色。

（3）榕果成熟时褐色。

【原产地及分布】

原产非洲。我国福建、广东、广西、海南、云南等地有栽培。

【生态习性】

喜光，喜高温高湿气候，耐阴，对空气污染和尘埃抵抗力强。

【配置建议】

（1）树形紧凑，叶大，形态似大提琴，是现今流行的观叶类树种。

（2）可用作园景树，或用作室内观叶大型盆栽植物。

【常见病虫害】

（1）病害　锈斑病。

（2）虫害　蜗牛。

70. 榕树

（小叶榕、细叶榕）*Ficus microcarpa* 桑科 榕属

【识别特征】

（1）常绿乔木，气生根常下垂。

（2）单叶互生，革质，亮绿，椭圆形，长4～10cm，先端钝尖，全缘或浅波状。

（3）隐头花序。单个或成对生于叶腋，球形，成熟时淡红色。

（4）榕果腋生，扁球形，熟时淡红色。

（5）花果期5～12月。

【原产地及分布】

原产我国东南部至西南部、亚洲热带其他地区及大洋洲。

【生态习性】

喜光，喜高温多湿气候，喜酸性土壤；耐潮湿，耐瘠薄，抗风，抗大气污染。耐强度修剪，可作各种造型，移植容易，生长快，寿命长。

【配置建议】

（1）树冠宽阔，树姿雄伟、壮观，大量粗壮的气根插入土中，形似树干，形成“独木成林”热带景观。

（2）常孤植、丛植、列植作孤赏树、园景树、庭荫树或行道树，也可修剪做大型造型树。变种厚叶榕（var. *crassifolia*）叶阔椭圆形，先端钝或圆，革质或厚肉质，全缘，两面光滑亮绿，常用作造型树。

【常见病虫害】

（1）病害　烟煤病。

（2）虫害　榕木虱。

71. 三角叶榕

Ficus natalensis subsp. *Leprieurii*　　桑科　榕属

【识别特征】

（1）常绿乔木。

（2）单叶互生，革质，三角形，有乳汁，长4～6cm，宽3～5cm，顶端近截平，全缘，叶缘反卷；叶背中脉突出，紫色。

（3）隐头花序。

（4）榕果球形，熟时红色。

【原产地及分布】

原产地不详。

【生态习性】

喜光，喜高温多湿气候，对土壤要求不严；不耐寒，耐半阴。

【配置建议】

（1）叶形独特可爱。

（2）可盆栽用于室内绿化和观赏，也可用作园景树。园林中有花叶的品种。

【常见病虫害】

未见病虫害。

72. 菩提树

（思维树、菩提榕）*Ficus religiosa* 桑科 榕属

【识别特征】

（1）落叶乔木，有乳汁。

（2）单叶互生，革质，卵圆形，长7～17cm，顶端长尾尖，绿色有光泽。

（3）隐头花序腋生。

（4）榕果。

（5）花期3～4月，果期5～7月。

【原产地及分布】

原产于印度。华南地区有栽培。

【生态习性】

喜光，喜高温湿润气候，抗风，抗大气污染，不耐干旱，生长迅速，萌发力强，移植易成活。

【配置建议】

（1）树冠广阔，树姿及叶形优雅别致，秋叶金黄。

（2）可用作孤赏树、园景树、庭荫树或行道树。佛教视其为圣树，在寺庙中栽植普遍。

【常见病虫害】

（1）病害　猝倒病和黑斑病。

（2）虫害　蚜虫和蛾类等。

73. 黄葛树

（大叶榕、黄葛榕）*Ficus virens*　　桑科　榕属

【识别特征】

（1）半落叶或落叶乔木，有乳汁。

（2）单叶互生，薄革质，长圆状卵形，长6～15cm，先端渐尖，基部圆形或近心形。

（3）隐头花序单个或成对生于叶腋及已落叶的小枝上，无梗，成熟时黄色或淡红色。

（4）花果期4～12月。

【原产地及分布】

原产我国东南部至西南部以及亚洲南部至大洋洲。我国南方普遍栽培。

【生态习性】

喜光，喜温暖至高温湿润气候，耐瘠薄，不耐干旱。适应性强，抗风，抗大气污染。

【配置建议】

（1）树冠宽阔，树姿优雅壮观，绿荫效果好。新叶翠绿，秋叶金黄。

（2）常孤植或列植作孤赏树、园景树、庭荫树或行道树。为热带、亚热带常见行道树之一。作为行道树，其裸露根沿地面伸展，会损坏路面。

【常见病虫害】

（1）病害　锈病和黑斑病。

（2）虫害　灰白蚕蛾、榕母管蓟马、华脊鳃金龟和天牛等。

胡桃科

74. 枫杨

（溪沟树、大叶柳）*Pterocarya stenoptera*　　胡桃科　枫杨属

【识别特征】

（1）落叶乔木，高可达30m。枝具片状髓，冬芽裸露，密被褐色腺鳞。

（2）羽状复叶互生，叶轴有翼，小叶9～13枚，长椭圆形，长5～10cm，细锯齿缘，顶生小叶有时不发育，而成偶数羽状复叶。

（3）雌雄同株，柔荑花序下垂，无花被。

（4）果序下垂，坚果具2长翅。

（5）花期4～5月，果期8～9月。

【原产地及分布】

广布于华北、华中、华南和西南各省，在长江流域和淮河流域最为常见；朝鲜也有分布。

【生态习性】

喜光，喜温暖湿润气候，也较耐寒；耐湿性强，深根性，萌芽力强。生长快，寿命长。

【配置建议】

（1）树冠宽广，枝叶茂密，叶形秀丽，果序独特，观赏性强。

（2）可用作孤赏树、园景树、庭荫树或行道树；也常作水边护岸固堤及防风林树种。也适合用作工厂区绿化。

【常见病虫害】

（1）病害　丛枝病。

（2）虫害　黑跗眼天牛、桑雕象鼻虫和枫杨灰褐圆蚧等。

木麻黄科

75. 木麻黄

（驳骨树、马尾树）*Casuarina equisetifolia*　木麻黄科　木麻黄属

【识别特征】

（1）常绿乔木，高可达40m，树干通直，树冠狭长圆锥形。枝有密集的节，易抽离。

（2）鳞片状叶每轮通常7枚，披针形或三角形，长1～3mm，紧贴。

（3）雌雄同株或异株。

（4）果序球形。

（5）花期4～5月，果期7～11月。

【原产地及分布】

原产澳大利亚和太平洋岛屿。华南地区普遍栽植。

【生态习性】

喜光，喜温暖湿润气候，对土壤要求不严。根系深广，耐旱，抗风沙，耐盐碱；生长快，萌芽力强。

【配置建议】

（1）树体高大，四季常青，针形叶特别，果序形态可爱。

（2）可作行道树、园景树或沿海防护林树种，为热带海岸防风固沙的优良先锋树种。

【常见病虫害】

（1）病害　青枯病和肿枝病。

（2）虫害　星天牛和吹绵蚧。

酢浆草科

76. 阳桃

（杨桃）*Averrhoa carambola*　　酢浆草科　阳桃属

【识别特征】

（1）常绿乔木，高12m，分枝多。

（2）羽状复叶，小叶5～13枚，全缘，卵形或椭圆形，长3～7cm，具短柄，顶端渐尖，基部歪斜，表面深绿色，背面淡绿色，疏被柔毛或无毛。

（3）圆锥花序腋生或着生于枝干上，花小，微香，紫红色。

（4）浆果肉质，下垂，有5棱，横切面呈星芒状，淡绿色或蜡黄色，可食用。

（5）花期4～12月，果期7～12月。

【原产地及分布】

原产马来西亚、印度尼西亚。广东、广西、福建、台湾、云南有栽培。

【生态习性】

喜湿润气候和偏酸性土壤，忌寒冷、干旱。

【配置建议】

（1）树形雅致，叶形秀丽；花形小巧精致；果形奇特，有香味，可食用，是南方著名的热带水果，也是庭院常用果树。

（2）可孤植、丛植于庭院、路缘、建筑物旁或墙垣作园景树，也可盆栽观赏。

【常见病虫害】

（1）病害　炭疽病和赤斑病。

（2）虫害　天牛、鸟羽蛾、黑点褐卷叶蛾和蓟马等。

杜英科

77. 水石榕

（海南胆八树、海南杜英）*Elaeocarpus hainanensis* 杜英科　杜英属

【识别特征】

（1）常绿小乔木，树冠宽广。

（2）叶革质，集生于枝顶，狭窄倒披针形，长7～15cm，宽1.5～3cm，先端尖，基部楔形。

（3）总状花序腋生，白色，花瓣边缘流苏状，花梗长而悬垂。

（4）核果纺锤形。

（5）花期6～7月。

【原产地及分布】

原产于海南、广西南部及云南东南部。在越南、泰国也有分布。

【生态习性】

喜半荫，喜高温多湿环境，不耐干旱。深根性，抗风力强。

【配置建议】

（1）树形扶疏，叶形秀丽，花形独特，悬垂，可观叶、观花。

（2）常倾斜配置于水岸边，也可孤植或丛植于陆地作园景树。

【常见病虫害】

（1）病害　无。

（2）虫害　铜绿金龟子和蛴螬。

78. 毛果杜英

（尖叶杜英、长芒杜英）*Elaeocarpus rugosus*　杜英科　杜英属

【识别特征】

（1）常绿乔木，高30m。有板根，分枝假轮生状。

（2）单叶互生，革质，倒阔披针形，边缘有锯齿。

（3）总状花序腋生，悬垂，花冠白色，花瓣边缘流苏状，芳香。

（4）核果圆球形。

（5）花期4～5月，果秋后成熟。

【原产地及分布】

原产中国、日本、越南。分布于我国长江以南各地，广东常见栽培。

【生态习性】

喜光，喜温暖至高温和湿润气候；深根性，抗风力较强，不耐干旱和瘠薄。

【配置建议】

（1）树冠塔形，大枝分层轮生，树干基部有壮观的板根；花形秀丽悬垂，洁白如贝，散发阵阵幽香，可观形、观花、观果。

（2）常孤植、丛植、列植作庭荫树、园景树或行道树。

【常见病虫害】

（1）病害　日灼病和叶枯病。

（2）虫害　铜绿金龟子。

79. 石栗

Aleurites moluccanus　　大戟科　石栗属

【识别特征】

（1）常绿乔木，高达18m。树皮暗灰色，浅纵裂至近光滑。

（2）单叶互生，纸质，卵形至广披针形，长10～20cm，幼时两面被星状毛，全缘或3～5浅裂，叶柄顶端有2枚扁圆形腺体。

（3）雌雄同株，圆锥花序顶生，花小，白色。

（4）核果近球形。

（5）花期4～10月，果10～11月成熟。

【原产地及分布】

原产马来西亚。福建、台湾、香港、广东、海南、广西、云南等省区有栽培。

【生态习性】

喜光，喜高温多湿气候，抗风，耐旱，不耐寒，深根性，生长快。

【配置建议】

（1）树冠塔形，树姿健壮，花期长，并伴随新叶大量生长，整体树冠似披上白霜，极富观赏性，是优良的观形、观叶、观花树种。

（2）可孤植、丛植、列植，作孤赏树、园景树、庭荫树或行道树。

【常见病虫害】

（1）病害　细菌和真菌性病害。

（2）虫害　蚜虫。

80. 蝴蝶果

（山板栗、猴栗、猪油果）*Cleidiocarpon cavaleriei* 大戟科 蝴蝶果属

【识别特征】

（1）常绿乔木，高30m，枝条被星状毛。

（2）单叶集生于枝顶，互生，长椭圆状披针形，长6～22cm，先端渐尖，全缘，略外卷；叶柄顶端膨大呈关节状。

（3）圆锥花序顶生，淡黄色。

（4）核果偏卵球形或双球形，成熟时黄绿色。

（5）花果期5～11月。

【原产地及分布】

原产云南东南部、广西西部和贵州南部，我国南方城市有栽培。

【生态习性】

喜光，喜温暖多湿气候，对土质要求不严，不耐寒，因树冠浓密，故抗风力较差。

【配置建议】

（1）树形挺拔整齐，枝叶浓密，叶形秀丽，绿荫效果好，果形特别。我国珍稀濒危三类保护植物。

（2）可用作孤赏树、庭荫树、园景树或行道树。

【常见病虫害】

（1）病害　青枯病。

（2）虫害　金龟子。

81. 血桐

（流血树）*Macaranga tanarius* var. *Tomentosa*　　大戟科　血桐属

【识别特征】

（1）常绿乔木。小枝有白霜。

（2）单叶互生，或集生于枝顶，宽卵形，长10～30cm侧脉放射状，网脉连结成同心圆，叶柄盾状着生。

（3）雌雄异株，无花瓣。

（4）蒴果。

（5）花果期4～6月。

【原产地及分布】

原产于我国广东。福建、台湾、广东有栽培。

【生态习性】

喜光，喜高温湿润气候，不耐寒，耐盐碱，抗风，抗大气污染，生长快。常生于海滩上。

【配置建议】

（1）树干或枝条受伤后会分泌红色树液，因此得名“血桐”。树冠圆伞形，树姿挺拔，叶形大而可爱，遮阳效果好。

（2）可用于孤赏树、庭荫树、园景树。也可用于海岸边绿化。

【常见病虫害】

（1）病害　未见。

（2）虫害　吹绵蚧。

82. 乌桕

（腊子树）*Triadica sebifera*

【识别特征】

（1）落叶乔木，高可达15m，具乳汁。树皮暗灰色，有纵裂纹，枝上有皮孔。

（2）单叶互生，纸质，菱状卵形，长3～8cm，宽3～9cm，顶端长尾尖，基部阔楔形或钝，全缘；叶柄纤细，长2～6cm，顶端有2腺体。

（3）总状花序顶生，花小，黄绿色。

（4）蒴果梨状球形，成熟时黑色。

（5）花期4～6月，果期9～10月。

【原产地及分布】

分布于黄河以南各省区，北达陕西、甘肃。日本、越南、印度也有分布。

【生态习性】

喜光，喜温暖湿润气候及深厚肥沃而水分丰富的土壤。耐寒，耐旱，耐水湿，抗风力强。

【配置建议】

（1）秋季叶色先变黄，后变红，是著名的秋色叶树种。

（2）可孤植、对植、列植或丛植作园景树、孤赏树、庭荫树或行道树，也可在水岸边配置。

【常见病虫害】

（1）病害　立枯病。

（2）虫害　柳兰叶甲、大蓑蛾和刺蛾。

83. 油桐

（光桐、桐油树）*Vernicia fordii*

【识别特征】

（1）落叶乔木，高达10m；树皮灰色，近光滑。枝条粗壮，无毛，具明显皮孔。

（2）单叶互生，卵圆形，长8～18cm，顶端短尖，基部截平至浅心形，全缘，稀1～3浅裂，叶柄顶端有2枚扁平、无柄腺体。

（3）雌雄同株，先叶或与叶同时开放；花瓣白色，有淡红色脉纹。

（4）核果近球状，果皮光滑。

（5）花果期：花期3～4月，果10月成熟。

【原产地及分布】

原产我国长江流域以南地区，越南也有分布。

【生态习性】

喜光，喜温暖湿润气候，不耐水湿。对SO_2污染极为敏感，可作为其检测植物。

【配置建议】

（1）树形高大挺拔，叶形可爱，春季繁花满树，花色雅致，果实独特。

（2）可用作园景树或行道树。

【常见病虫害】

（1）病害　根腐病和黑斑病。

（2）虫害　天牛。

84. 木油桐

（千年桐、山桐子）*Vernicia montana*

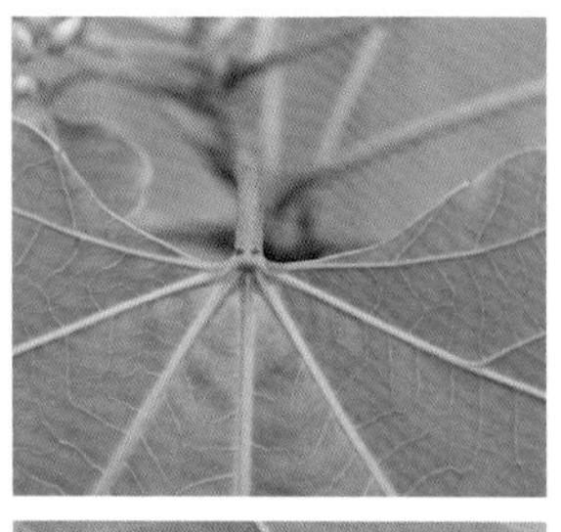

【识别特征】

（1）落叶乔木，高达20m。枝条散生突起皮孔。

（2）单叶互生，阔卵形，长8～20cm，顶端短尖至渐尖，基部心形至截平，全缘或2～5浅裂，裂缺常有杯状腺体，叶柄顶端有2枚具柄的杯状腺体。

（3）雌雄异株或有时同株，花瓣白色或基部紫红色且有紫红色脉纹。

（4）核果卵球状，具3条纵棱，棱间有网状皱纹。

（5）花期4～5月。

【原产地及分布】

分布于长江流域以南各地区。越南、泰国、缅甸也有分布。

【生态习性】

喜光，不耐阴，不耐寒。抗病性强，生长快。

【配置建议】

（1）树形高大挺拔，叶形可爱，花色雅致，果实独特。

（2）可用作园景树或行道树。

【常见病虫害】

（1）病害　炭疽病、黑斑病和枯枝病等。

（2）虫害　尺蛾和大绵蚧等。

叶下珠科

85. 秋枫

（重阳木、茄冬）*Bischofia javanica*　　叶下珠科　秋枫属

【识别特征】

（1）常绿或半常绿乔木，高达40m。树皮灰褐色至棕褐色，近平滑，老树皮粗糙，内皮纤维质；砍伤树皮后流出汁液红色，干凝后变瘀血状。

（2）三出羽状复叶，稀5小叶，小叶薄革质，卵形、倒卵形或椭圆状卵形，顶端急尖或短尾状渐尖，基部宽楔形至钝，边缘每1cm长有2～3个浅锯齿，叶背脉腋有腺窝。

（3）圆锥花序腋生，花小，黄色。

（4）浆果圆球形。

（5）花期3～4月，果期9～10月。

【原产地及分布】

原产于我国南部。越南、印度、日本、澳大利亚等有分布。

【生态习性】

喜光，喜温暖多湿气候，生长快速，抗风，抗大气污染，耐水湿。大树移植易成活。

【配置建议】

（1）树冠整齐，枝叶茂盛，树形古朴，老叶脱落前变红色，是应用广泛的观形、秋色叶树种。

（2）可用作孤赏树、园景树、庭荫树或行道树，也可在水池、溪畔配置。

【常见病虫害】

（1）病害　未见。

（2）虫害　蚜虫、木蠹蛾和叶蝉等。

杨柳科

86. 斯里兰卡天料木

（红花天料木、母生）*Homalium ceylanicum*

杨柳科　天料木属

【识别特征】

（1）常绿乔木，高达30m。

（2）单叶互生，革质，椭圆形，长11～18cm，先端短渐尖，基部楔形或宽楔形，边缘具钝齿或全缘。

（3）总状花序腋生，有毛；花白色。

（4）蒴果。

（5）花期6～次年2月，果期10～12月。

【原产地及分布】

原产于海南，云南、广西、湖南、江西、福建等地有栽培。越南也有分布。

【生态习性】

喜光，喜温暖湿润环境，喜肥沃、疏松、排水良好的土壤；幼树稍耐阴，根系发达，抗风力强。

【配置建议】

（1）树形挺拔，枝叶茂密，四季常青；树皮粗糙黄褐色。

（2）可用作孤赏树或园景树。

【常见病虫害】

（1）病害　未见。

（2）虫害　木虱、潜叶蛾、双尾天社蛾、�蛱蝶和大蟋蟀等。

87. 垂柳

（垂丝柳）*Salix babylonica*

【识别特征】

（1）落叶乔木，高18m。树皮灰黑色，不规则开裂。枝细，褐色，下垂。

（2）叶狭披针形，长9～16cm，锯齿缘。

（3）柔荑花序，先叶开放，或与叶同放。

（4）蒴果黄褐色。

（5）花期3～4月，果期4～5月。

【原产地及分布】

原产长江流域和黄河流域，全国各地常见栽培。

【生态习性】

喜光、喜水湿、耐水淹，耐旱，耐寒，生长快，对有毒气体抗性强。

【配置建议】

（1）适应性强，南北地区都可以生长。早春，新叶鲜绿，是著名的水岸边观叶、观形树种。在杭州苏堤，垂柳与桃花间植，营造“桃红柳绿”的经典植物景观。

（2）树姿优美，枝条纤细下垂，飘逸灵动。

（3）可孤植、丛植或列植，作园景树、庭荫树或行道树。尤其可以在水岸边配置。

【常见病虫害】

（1）病害　腐烂病和溃疡病。

（2）虫害　蚜虫。

藤黄科

88. 菲岛福木

（福木、幸福树）*Garcinia subelliptica*　　藤黄科　藤黄属

【识别特征】

（1）常绿乔木，高可达10m，小枝方形。

（2）单叶对生，椭圆形，长10～14cm，革质，表面光亮，深绿色，叶柄稍抱茎。

（3）穗状花序顶生和腋生，乳白色。

（4）核果球形，黄色。

（5）夏至秋季为开花期。果9～11月成熟。

【原产地及分布】

原产菲律宾，热带地区常有栽培。

【生态习性】

喜光，喜高温湿润气候；深根性，抗风力强，抗盐碱，降噪效果好；生长缓慢，寿命长。

【配置建议】

（1）树形整齐，四季常绿，枝叶繁茂，叶油亮光洁，为优良的观形、观叶树种。

抗风力强，抗盐碱，是我国沿海地区营造防风林的理想树种。

（2）园林中常列植、丛植或群植做园景树，也可盆栽用于室内装饰和绿化。

【常见病虫害】

未见病虫害。

89. 阿江榄仁

（安心树、三果木）*Terminalia arjuna*　　使君子科　榄仁属

【识别特征】

（1）落叶乔木，高可达25m，具板根。

（2）单叶近对生，叶片矩状椭圆形，薄革质，基部歪斜，叶缘具钝锯齿，叶背基部靠主脉处有一对具柄腺体。

（3）花两性，总状花序，黄白色，花萼钟状，5裂，无花瓣。

（4）核果近球形，有5条纵翅。

（5）花期3～6月，果期11至次年3月。

【原产地及分布】

原产东南亚地区。华南地区有栽培。

【生态习性】

喜光，喜高温湿润气候，深根性，抗风，耐湿，耐半阴，较耐寒。

【配置建议】

（1）在印度被视为神树，常配植于寺庙中。

（2）树形高大挺拔，果实繁茂，果形独特，是近年来流行于南方的观形、观果树种。

（3）可孤植作庭荫树、孤赏树或园景树，也可列植作行道树。

（4）耐湿性好，可用于水岸、河堤沿岸绿化树种，也可作为固沙造林的良好树种。

【常见病虫害】

（1）病害　极少发生病害。

（2）虫害　刺蛾。

90. 卵果榄仁

（莫氏榄仁、杏仁、美洲榄仁）*Terminalia muelleri*

使君子科　榄仁属

【识别特征】

（1）落叶乔木，高可达10m。

（2）单叶互生，常集生于枝顶，倒卵状椭圆形，长8～10cm，叶背脉腋处有腺窝，正面脉腋处隆起，全缘。冬季落叶前变红。

（3）穗状花序，白色。

（4）核果椭圆形，成熟时紫黑色。

（5）花期8～9月，果期10月至次年3月。

【原产地及分布】

原产于美洲热带。华南地区有栽培。

【生态习性】

喜光，耐半阴，喜高温湿润气候。

【配置建议】

（1）树形高大挺拔，叶形秀丽，秋叶深红色，是近年来流行于南方城市的观形、观果、秋色叶树种。

（2）可用作孤赏树、庭荫树、园景树或行道树。

【常见病虫害】

未见病虫害。

91. 小叶榄仁

（细叶榄仁、非洲榄仁）*Terminalia neotaliala* 使君子科 榄仁属

【识别特征】

（1）落叶乔木。大枝轮生平展，小枝纤细无毛。

（2）单叶簇生，倒卵形，先端浑圆，基部楔形，边缘有不明显的细齿，叶背侧脉脉腋有腺窝，正面脉腋处隆起。

（3）穗状花序，花小不显著。

（4）核果纺锤形。

（5）夏秋季开花，果实冬季成熟。

【原产地及分布】

原产于非洲。广东、广西、福建、海南、香港和台湾有栽培。

【生态习性】

喜光，耐半阴，喜高温湿润气候，深根性，抗风，耐湿，抗大气污染。

【配置建议】

（1）树形挺拔，大枝横展，分层性好；叶形小巧，春季新叶翠绿，秋叶黄色到红色，为优良的观形树种、春色叶和秋色叶树种。

（2）可用作园景树、孤赏树或列植作行道树。锦叶榄仁 ‘Tricolor’，叶上有白色或乳白色斑。

【常见病虫害】

（1）病害 未见。

（2）虫害 夜蛾和天牛。

千屈菜科

92. 紫薇

（痒痒树）*Lagerstroemia indica*　　千屈菜科　紫薇属

【识别特征】

（1）落叶灌木或小乔木，高6m。树皮易脱落，树干光滑、斑驳。枝条四棱形，有狭翅。

（2）单叶对生或近对生，椭圆形或倒卵形，长3～7cm。

（3）圆锥花序顶生，淡紫红色，花瓣6，边缘有波状皱折。

（4）蒴果近球形。

（5）花期6～9月，果期7～11月。

【原产地及分布】

原产长江流域及以南地区，各地普遍栽培。

【生态习性】

喜光，喜温暖湿润气候，耐干旱，耐半阴，耐寒，抗大气污染，忌积水。

【配置建议】

（1）树姿秀丽，树干光滑、斑驳，是观形、观干优良树种。早春嫩叶鲜红，秋季落叶前变为红色；花期长，色彩缤纷，是著名的观花、春色叶、秋色叶树种。

（2）可用作孤赏树、园景树、道路分隔带树种，也可作盆栽观赏。

【常见病虫害】

（1）病害　白粉病、煤污病和褐斑病等。

（2）虫害　蚜虫、叶蜂和黄刺蛾等。

93. 大花紫薇

（大叶紫薇、百日红）*Lagerstroemia speciosa* 千屈菜科　紫薇属

【识别特征】

（1）落叶乔木，高10m。嫩枝有棱。

（2）单叶对生或近对生，革质，长圆状卵形，长15～25cm，具短柄。

（3）圆锥花序顶生和腋生，淡紫色或紫红色。

（4）蒴果球形。

（5）花期5～8月，果期9～12月。

【原产地及分布】

原产亚洲热带，我国南方广为栽培。

【生态习性】

喜光，能耐半阴，喜高温湿润气候，对土壤要求不严，抗风，耐寒，耐干旱和瘠薄。

【配置建议】

（1）树形整齐；叶大浓密，春季新叶红色，冬季叶色变为红色；花序大型，花期长，花色艳丽；果实经久不落，为优良的观形、观花、观果及春色叶、秋色叶树种。

（2）可用作孤赏树、庭荫树、园景树和行道树。

【常见病虫害】

（1）病害　斑点病和炭疽病。

（2）虫害　豹纹木蠹蛾、蓟马和大袋蛾等。

94. 垂枝红千层

（串钱柳、瓶刷子树）*Callistemon viminalis*

桃金娘科　红千层属

【识别特征】

（1）常绿乔木，树皮灰白色，不规则深纵裂。枝条下垂。

（2）叶散生，披针形，柔软，细长如柳，有小而多的透明腺点。

（3）穗状花序较稀疏，下垂，鲜红色。

（4）蒴果。

（5）花期3～7月，果实夏秋季成熟。

【原产地及分布】

原产于澳大利亚。我国华南地区常见栽培。

【生态习性】

喜光，喜高温高湿气候，耐水湿。

【配置建议】

（1）枝条下垂如垂柳；花序独特，似瓶刷子，鲜红下垂，是广东常见的观形、观花树种。

（2）常用于水岸边绿化，似垂柳景观效，也可用作园景。

【常见病虫害】

（1）病害　黑斑病。

（2）虫害　线虫。

95. 柠檬桉

（白树）*Eucalyptus citriodora*　　桃金娘科　桉属

【识别特征】

（1）常绿乔木，高30m。树皮大片状脱落后光滑，灰白色。

（2）幼态叶披针形，基部圆形；成熟叶片狭披针形，长10～15cm，宽1cm，稍弯曲，两面有黑腺点，揉碎有浓柠檬气味；过渡性叶阔披针形。

（3）圆锥花序腋生，总花梗有棱；帽状体圆锥形，长1.5cm，有1小尖突。

（4）蒴果壶形，果瓣深藏。

（5）花期2～3月，果期6～7月。

【原产地及分布】

原产澳大利亚，广东、广西及福建南部有栽培。

【生态习性】

喜光，喜高温湿润气候，抗风力强，耐干旱，不耐寒，因叶含芳香油，有杀菌、驱蚊虫之效，抗大气污染，生长迅速，萌发力强。

【配置建议】

（1）树干通直，树姿婆娑；树皮灰白光滑或片状剥落，观赏性强；花有香味，有“林中少女”之称；挥发性气味可驱蚊，为优良的观形、观干树种。

（2）可用于孤赏树、园景树和行道树。

【常见病虫害】

（1）病害　灰霉病、焦枯病和青枯病等。

（2）虫害　尺蛾、袋蛾和白蚁等。

96. 窿缘桉

（风吹柳、隆缘桉）*Eucalyptus exserta*　　桃金娘科　桉属

【识别特征】

（1）常绿乔木，高可达40m。树皮坚硬而粗糙，有纵裂沟，不脱落。

（2）单叶对生，幼态叶披针形，成熟叶狭披针形。

（3）伞形花序，帽状体长锥形。

（4）蒴果近球形，果缘突出萼管，果瓣3～5枚。

（5）花期5～9月。

【原产地及分布】

原产澳大利亚。

【生态习性】

喜光、高温湿润环境、耐旱，抗风性较差。

【配置建议】

（1）树形高大挺拔，枝叶婆娑，有香味。

（2）可孤植作孤赏树、庭荫树或风景树，列植作行道树，也是华南地区常用造林树种。

【常见病虫害】

（1）病害　茎腐病。

（2）虫害　白蚁和桉苗小卷蛾等。

97. 桉

（大叶有加利、大叶桉）*Eucalyptus robusta*　　桃金娘科　桉属

【识别特征】

（1）常绿乔木，高30m。树皮木栓质，深褐色，不剥落，有斜裂沟纹。

（2）幼态叶卵形，成熟叶卵状披针形，长8～17cm。

（3）伞形花序，总花梗扁，短粗；帽状体顶端喙状。

（4）蒴果卵状壶形，口稍扩大，下部稍收缩，果瓣3裂。

（5）花期4～9月。

【原产地及分布】

原产澳大利亚。我国南部各省均有引种。

【生态习性】

喜光，喜暖热湿润气候，较耐寒，极耐水湿。速生，根系深，但枝脆易风折。

【配置建议】

（1）树形高大，古朴苍劲，耐水湿，是湖边配置优良树种。

（2）可作孤赏树、庭荫树、园景树、行道树。

【常见病虫害】

（1）病害　腐烂病和焦枯病。

（2）虫害　白蚁和金龟子。

98. 尾叶桉

Eucalyptus urophylla　　桃金娘科　桉属

【识别特征】

（1）常绿乔木。树皮棕红色，上部剥落，基部宿存。

（2）幼态叶披针形，对生；成熟叶披针形或卵形。

（3）伞形花序顶生，总花梗扁，帽状体圆锥形，顶端突尖。

（4）蒴果近球形，果瓣内陷，3～4裂。

（5）花期12月至次年5月。

【原产地及分布】

原产印度尼西亚。我国广东、广西有栽培。

【生态习性】

喜光，喜暖热湿润气候，较耐寒，极耐水湿。速生，根系深。

【配置建议】

（1）树形高大，树干色彩独特，枝叶秀丽。

（2）可丛植作园景树，也可列植作行道树。为速生用材林、荒山绿化树。

【常见病虫害】

（1）病害　青枯病。

（2）虫害　白蚁和瘿姬小蜂。

99. 白千层

（千层皮）*Melaleuca cajuputi* subsp. *Cumingiana*　桃金娘科　白千层属

【识别特征】

（1）常绿乔木，高达15m。

（2）树皮灰白色，厚而松软，呈薄层状剥落。

（3）单叶互生，近革质，狭椭圆形或披针形，长5～10cm，宽1～1.5cm，基出脉3～5条，具油腺点，香气浓郁。

（4）穗状花序顶生，白色。

（5）蒴果顶部3裂，杯状或半球形。

（6）一年多次开花。

【原产地及分布】

原产澳大利亚，我国南方广为栽培。

【生态习性】

喜光，喜高温多湿气候，不耐寒，不耐旱，抗风，抗大气污染。主根深，侧根少，不易移植。

【配置建议】

（1）树皮灰白呈纸状层层剥落，能够营造历史久远的环境效果，是优良的观干树种，白色如瓶刷子的花序形态独特，可作为观花树种。

（2）可列植、丛植或群植作园景树或行道树。

【常见病虫害】

（1）病害　根腐病。

（2）虫害　地老虎，大蟋蟀和绿象鼻等。

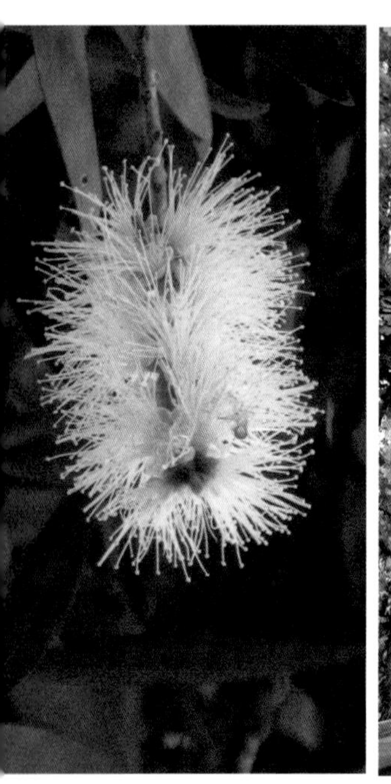

100. 番石榴

（芭乐、拔子）*Psidium guajava*　　桃金娘科　番石榴属

【识别特征】

（1）常绿乔木或灌木，高可达10m。树皮鳞片状剥落，绿褐色。

（2）单叶对生，革质，长圆形至椭圆形，长7～13cm，先端急尖或钝，基部近圆形，叶面稍粗糙，叶背密生柔毛，有腺点，叶柄长5mm，叶脉在正面凹入，背面隆起。

（3）花单生或2～3朵排成聚伞花序，白色，芳香。

（4）浆果球形，浅黄色，顶端有宿存萼片，可食用。

（5）每年开花2次，第一次在4～5月，第二次在8～9月。果实于花后2个月成熟。

【原产地及分布】

原产美洲。华南地区有栽培。

【生态习性】

喜暖热气候，对土壤要求不严，较耐旱，耐湿。

【配置建议】

（1）树形雅致，树干斑驳，果实可食用，可观形、观干、观果，也可食用。

（2）可用作孤赏树或园景树。

【常见病虫害】

（1）病害　溃疡病、立枯病、炭疽病、煤烟病和果腐病。

（2）虫害　介壳虫、蚜虫和黄刺蛾等。

101. 海南蒲桃

（乌墨）*Syzygium hainanense* 桃金娘科 蒲桃属

【识别特征】

（1）常绿乔木，高15m。

（2）单叶对生，革质，椭圆形，长6～12cm，全缘，两面有小腺点，有边脉。

（3）圆锥花序腋生，花小，白色。

（4）核果卵圆形，紫黑色。

（5）花期2～3月，果期7～8月。

【原产地及分布】

原产我国华东、华南至西南以及亚洲东南部和澳大利亚。华南地区多有栽培。

【生态习性】

喜光，喜温暖至高温、湿润气候，抗风力强，不耐干旱和寒冷。深根性，生长快。

【配置建议】

（1）树干通直，枝叶繁茂，四季常绿，叶形秀丽，表面油亮，白花素雅，是优良的观形、观叶树种。

（2）可孤植、丛植或列植，为优良的庭荫树和行道树。

【常见病虫害】

（1）病害　煤烟病和炭疽病。

（2）虫害　白蚁、白裙赭夜蛾、木蠹蛾和卷叶虫。

102. 蒲桃

（水蒲桃）*Syzygium jambos* 桃金娘科 蒲桃属

【识别特征】

（1）常绿乔木，高10m。

（2）单叶对生，革质，披针形或长圆形，有腺点，侧脉靠近边缘2mm处相结合成边脉。

（3）聚伞花序顶生，白色。

（4）果实球形，绿色，熟时黄色，可食用。

（5）花期3～4月，果实5～6月成熟。

【原产地及分布】

分布于中南半岛、马来西亚、印度尼西亚等地。产台湾、福建、广东、广西、贵州、云南等地。

【生态习性】

喜光，喜高温多湿气候，抗风力强，喜水湿，不耐干旱和瘠薄。

【配置建议】

（1）树形高大，树冠广阔；叶色浓绿，叶形秀丽；花型可爱素雅；果实味美，为美丽的观叶、观花、观果植物。

（2）可配置于湖边、溪边、草坪、绿地等处作园景树、庭荫树和行道树。

【常见病虫害】

（1）病害　煤烟病、炭疽病、果腐病和藻斑病等。

（2）虫害　东方果实蝇。

103. 水翁

（水翁蒲桃、水榕）*Syzygium nervosum*　　桃金娘科　蒲桃属

【识别特征】

（1）乔木，高15m。嫩枝压扁，有沟。

（2）单叶对生，薄革质，长圆形至椭圆形，长11～17cm，先端急尖或渐尖，基部阔楔形或略圆，有腺点；叶柄长1～2cm。

（3）圆锥花序，花小，绿白色，芳香。

（4）浆果阔卵圆形，紫黑色。

（5）花期5～6月，果期9～10月。

【原产地及分布】

原产广东、广西及云南等地区。分布于中南半岛、印度、马来西亚、印度尼西亚及大洋洲等地。

【生态习性】

喜酸性和腐殖质丰富、疏松、肥沃的土壤，耐水湿，喜生于水边或小溪边。根系发达，能净化水源，抗污染能力强。

【配置建议】

（1）树形古朴，枝叶繁茂，花序大型，花色洁白，有芳香味。

（2）常孤植或列植，为优良的水边绿化植物，可作为固堤植物。

【常见病虫害】

（1）病害　根腐病。

（2）虫害　木蠹蛾和广翅蜡蝉。

104. 洋蒲桃

（莲雾、爪哇蒲桃）*Syzygium samarangense*　桃金娘科　蒲桃属

【识别特征】

（1）常绿乔木，高可达12m。

（2）单叶对生，薄革质，宽椭圆形至长圆形，长10～22cm，宽5～8cm，先端钝或稍尖，基部圆形或微心形，有腺点，有两条边脉，叶柄极短或近无柄。

（3）聚伞花序顶生或腋生，花白色。

（4）果梨形或圆锥形，肉质，洋红色，顶部凹陷，可食用。

（5）花期3～5月，果5～6月成熟。

【原产地及分布】

原产马来西亚及印度。我国广东、台湾及广西有栽培。

【生态习性】

喜光，喜高温多湿气候、肥沃壤土。抗风力强，抗大气污染，耐水湿，不耐干旱、瘠薄和寒冷。

【配置建议】

（1）树冠广阔，四季常青；花形可爱素雅；红果奇特，观赏期长，果实可食用味美，为美丽的观形、观花、观果植物。

（2）可用于广场、绿地、建筑物前、庭院作园景树、绿荫树，也可用于湖畔、溪边等水边配置，也可作行道树。

【常见病虫害】

（1）病害　炭疽病和果腐病。

（2）虫害　蚜虫和介壳虫。

105. 金蒲桃

（金黄熊猫、澳洲黄花树）Xanthostemon chrysanthus

桃金娘科　金缨木属

【识别特征】

（1）常绿乔木，高5m，

（2）单叶对生、互生或丛生枝顶，长卵形，全缘，革质。有边脉，有腺点。

（3）聚伞花序腋生，金黄色。

（4）蒴果杯状球形。

（5）全年有花，盛花期为每年11月到次年2月。

【原产地及分布】

原产澳大利亚。

【生态习性】

喜光，喜温暖湿润的气候。

【配置建议】

（1）树形挺拔，叶色亮绿，新叶红色，花色金黄，可观形、观春色叶和观花。为新优树种。

（2）可孤植、丛植或列植用于坡地、花境、水岸边、道路分隔带绿化，也可盆栽室内观赏或绿化。

【常见病虫害】

（1）病害　炭疽病和果腐病。

（2）虫害　金龟子、介壳虫、毒蛾和蚜虫等。

漆树科

106. 南酸枣

（酸枣、醋酸树）*Choerospondias axillaris*　漆树科　南酸枣属

【识别特征】

（1）落叶乔木，高可达20m；树皮灰褐色，片状剥落，小枝暗紫褐色，具皮孔。

（2）奇数羽状复叶互生，常集生于枝顶；小叶7～19，纸质，卵状披针形，长4～14cm，宽2～4.5cm，先端长渐尖，基部歪斜，阔楔形或近圆形，全缘或幼苗叶有锐锯齿。

（3）聚伞圆锥花序腋生或近顶生，花单性或杂性异株，花瓣5。

（4）核果椭圆形，成熟时黄色；果核顶端有5个发芽孔。

（5）花期4月，果期8～9月。

【原产地及分布】

原产我国长江以南地区，日本、中南半岛及印度有分布。

【生态习性】

喜光，喜温暖湿润气候，较耐寒，适应性强，生长快。

【配置建议】

（1）树体高大，树冠宽广，遮阳效果好；复叶秀丽，花序大型。

（2）可用作孤赏树或庭荫树。

【常见病虫害】

（1）病害　流胶病、根腐病和叶斑病。

（2）虫害　天牛、白蚁、蚜虫、蛴螬、广翅蜡蝉和黄刺蛾等。

107. 人面子

（人面树、银稔）*Dracontomelon duperreanum* 漆树科 人面子属

【识别特征】

（1）常绿乔木，高25m，壮年树树干斑驳，有板根。

（2）羽状复叶，小叶11～19，近对生，革质，长圆状披针形，全缘，基部歪斜。

（3）圆锥花序顶生，花白色，细小。

（4）核果扁球形。

（5）花期5～6月，果期9～10月。

【原产地及分布】

原产我国云南、广西、广东，越南也有分布。珠三角地区多有栽培。

【生态习性】

喜光，喜温暖湿润气候，适应性强。

【配置建议】

（1）树姿端正，枝叶茂密，四季翠绿光亮，绿荫与美化的效果极好。

（2）常用作孤赏树、园景树、庭荫树或行道树。

【常见病虫害】

（1）病害　流胶病。

（2）虫害　吉丁虫。

108. 杧果

（芒果、蜜望子）*Mangifera indica* 漆树科 杧果属

【识别特征】

（1）常绿乔木，高可达20m，树皮灰褐色。

（2）单叶互生，薄革质，常集生于枝顶，长圆状披针形，先端渐尖或急尖，基部楔形或近圆形，边缘皱波状，叶面略具光泽。

（3）圆锥花序顶生，黄色或淡黄色。

（4）核果肾形，扁，黄色，可食。

（5）花期3～4月，果期5～7月。

【原产地及分布】

原产云南、广西、广东、福建、台湾，分布于印度、孟加拉、中南半岛和马来西亚余部。

【生态习性】

喜光，喜高温多湿气候，喜肥沃的沙质壤土；稍耐阴，不耐寒，不耐干旱，抗风，抗大气污染。

【配置建议】

（1）树冠开阔，树姿美观，四季常绿，叶形秀丽，花序大型，果实橙黄有香味，嫩叶色彩变化丰富，也是著名的热带水果，被称为“热带果王”。

（2）常列植作行道树或孤植、丛植作孤赏树、园景树和庭荫树。

【常见病虫害】

（1）病害　炭疽病。

（2）虫害　果肉瘿蚊。

109. 黄连木

【配置建议】

（1）树冠浑圆，枝叶繁茂，早春嫩叶红色，入秋叶又变成深红或橙黄色，红色的雌花序也极美观。

（2）可用作庭荫树、行道树及山林风景树，也可用作“四旁”绿化及低山区造林树种。可与槭类、枫香等混植，营造秋季色叶景观效果。

【常见病虫害】

（1）病害 炭疽病和立枯病。

（2）虫害 种子小蜂、黄连木尺蛾和梳齿毛根蚜等。

【识别特征】

（1）落叶乔木，高达30m，树冠近圆球形。树皮薄片状剥落。

（2）偶数羽状复叶，小叶10～14枚，卵状披针形，长5～9cm，先端渐尖，基部偏斜，全缘。

（3）雌雄异株，圆锥花序，雄花序淡绿色，雌花序紫红色。

（4）核果初为黄白色，后变红色至蓝紫色。

（5）花期3～4月，先叶开放；果9～11月成熟。

【原产地及分布】

我国北自黄河流域，南至两广及西南各地均有分布。

【生态习性】

喜光，喜温暖气候；耐干旱瘠薄，对土壤要求不严。深根性，抗风力强；萌芽力强。生长较慢，寿命长。对有毒气体抗性较强。

无患子科

110. 红枫

（红槭、红鸡爪槭）*Acer palmatum* ‘Atropurpureum’

无患子科　槭属

【识别特征】

（1）落叶小乔木，高4m。枝条细长、光滑，紫红色。

（2）叶红色至紫红色，掌状5～7深裂，裂片卵状针形，先端尾状尖，缘有重锯齿。

（3）伞房花序顶生，紫色。

（4）翅果呈钝角。

（5）花期5月，果期10月。

【原产地及分布】

我国黄河流域以南地区多有栽培。

【生态习性】

喜温暖湿润气候，耐半阴。

【配置建议】

（1）常年红色，冬季红色枝条也有观赏价值。

（2）孤植、丛植于建筑物旁或与其他树种搭配，营造色叶景观效果。

【常见病虫害】

（1）病害　白粉病和褐斑病。

（2）虫害　叶蝉、刺蛾和天牛。

111. 龙眼

（桂圆）*Dimocarpus longan*　无患子科　龙眼属

【识别特征】

（1）常绿乔木，高10m，具板根，树皮粗糙纵裂。

（2）一回羽状复叶，小叶3～7对，薄革质，长圆状椭圆形至长圆状披针形，长6～15cm，顶端短尖，有时稍钝头，基部偏斜。

（3）圆锥花序顶生和近枝顶腋生，密被星状毛，乳白色。

（4）球果黄褐色，外面稍粗糙，或少有微凸的小瘤体。

（5）花期4～5月，果期7～8月。

【原产地及分布】

我国西南部、东南部多有栽培，以福建、广东最多。

【生态习性】

喜光，喜高温多湿气候。

【配置建议】

（1）树姿优美，枝叶婆娑，花序大型，果实可爱能食用，为岭南著名果树。

（2）常孤植、丛植作园景树或庭荫树。

【常见病虫害】

（1）病害　霜霉病、立枯病和丛枝病。

（2）虫害　荔蝽、白蛾蜡蝉、龙眼裳卷蛾和龙眼角颊木虱等。

112. 复羽叶栾树

（国庆花、灯笼树）*Koelreuteria bipinnata*

无患子科　栾树属

【识别特征】

（1）落叶乔木，高20m。树干块状剥落，灰白色。枝具小疣点。

（2）二回羽状复叶，羽片4～5对；每一羽片小叶9～15，互生或对生，纸质或近革质，斜卵形，顶端短尖至短渐尖，基部阔楔形或圆形，略歪斜，边缘有内弯的小锯齿。

（3）圆锥花序顶生，花小，黄色。

（4）蒴果卵状椭圆形，3裂瓣，果瓣膜质，紫红色。

（5）花期7～9月，果期8～10月。

【原产地及分布】

原产云南、贵州、四川、湖北、湖南、广西、广东等省区。

【生态习性】

喜光，喜温暖至高温湿润气候，适应性强，耐干旱，耐寒，抗风，抗大气污染，对土质选择不严，生长迅速，萌发力强。

【配置建议】

（1）树冠开展，花期全株金黄灿烂，果期“红色灯笼”挂满枝头，果后期又变为淡粉满枝，色彩随季相变化明显。

（2）可作孤赏树、园景树、庭荫树或行道树，也可用于工厂区绿化。

【常见病虫害】

（1）病害　流胶病。

（2）虫害　蚜虫。

113. 荔枝

（丹荔、离枝）*Litchi chinensis*　　无患子科　荔枝属

【识别特征】

（1）常绿乔木，高10m，树皮灰黑色，光滑。

（2）偶数羽状复叶，小叶2～4对，薄革质，披针形或卵状披针形，顶端骤尖或尾状短渐尖，全缘，上面深绿色，光滑，背面粉绿色。

（3）花序顶生，多分枝。

（4）球果暗红色至鲜红色，表面有凸起的瘤体。

（5）花期2～4月，果期5～8月。

【原产地及分布】

原产我国西南部、南部和东南部，尤以广东和福建南部栽培最盛。

【生态习性】

喜光，喜高温多湿气候，适应性强，抗风，抗大气污染。

【配置建议】

（1）树姿优美，新叶橙红；红果艳丽可爱，南方著名水果，令人垂涎。

（2）可用作孤赏树、园景树。

【常见病虫害】

（1）病害　炭疽病。

（2）虫害　红蜘蛛。

芸香科

114. 黄皮

（黄弹子）*Clausena lansium*　　芸香科　黄皮属

【识别特征】

（1）小乔木，高可达12m，幼枝、叶轴、叶柄、花序轴及嫩叶背面脉上都有柔毛。

（2）羽状复叶，小叶5～11，宽卵形或椭圆状卵形，长6～13cm，先端渐尖，基部宽楔形、歪斜，边缘有锯齿，有半透明腺点。

（3）圆锥花序顶生，淡黄色。

（4）果近球形，黄色。

（5）花期3～5月，果期7～8月。

【原产地及分布】

原产于我国华南及西南地区。

【生态习性】

喜半阴，喜温暖湿润气候，对土壤要求不严。

【配置建议】

（1）树冠茂盛，姿态优美，花色淡雅有香气，果实诱人可食，为南方著名夏季水果。

（2）可用作孤赏树、园景树。

【常见病虫害】

（1）病害　炭疽病和煤烟病。

（2）虫害　蚜虫、介壳虫、潜叶蛾和红蜘蛛等。

115. 楝叶吴萸

（楝叶吴茱萸、贼仔树）*Tetradium glabrifolium*

芸香科　吴茱萸属

【识别特征】

（1）落叶乔木，高可达20m。树皮暗灰色。

（2）奇数羽状复叶，小叶5～9，卵状椭圆形或卵形，长5～12cm，先端渐尖，基部楔形，歪斜，边缘浅波状或细钝锯齿。

（3）雌雄异株，聚伞圆锥花序顶生，花瓣5片，白色。

（4）蓇葖果，紫红色。

（5）花期7～8月，果期11月。

【原产地及分布】

原产我国台湾、福建、广东、广西和云南，越南也有分布。

【生态习性】

喜光，喜温暖湿润气候，耐旱，不耐寒，抗风，生长快。

【配置建议】

（1）树形挺拔，叶形秀丽，适应性强。

（2）可用作园景树和行道树。

【常见病虫害】

（1）病害　猝倒病。

（2）虫害　蚜虫和夜蛾。

楝科

116. 麻楝

（毛麻楝）*Chukrasia tabularis*　　楝科　麻楝属

【识别特征】

（1）落叶乔木，高达25m。树皮黑褐色，浅纵裂。

（2）羽状复叶，小叶10～16，互生，纸质，卵形至长圆状披针形，长7～12cm，先端渐尖，基部偏斜。

（3）圆锥花序顶生，黄色，芳香。

（4）蒴果近球形。

（5）花期4～6月，果期11月至次年2月。

【原产地及分布】

原产广东、广西、云南和西藏。

【生态习性】

喜光，喜温暖湿润气候，喜肥沃土壤，生长迅速。

【配置建议】

（1）树形高大秀丽，遮阳效果好；花色金黄杯状；新叶嫩红，秋叶黄色。

（2）常用作园景树或行道树。

【常见病虫害】

（1）病害　猝倒病。

（2）虫害　蛀斑螟。

117. 非洲楝

（非洲桃花心木、塞楝）*Khaya senegalensis*　　楝科　非洲楝属

【识别特征】

（1）常绿乔木，高可达30m，成年树干斑块状剥落。

（2）偶数羽状复叶。小叶5～6对，革质，近对生；长圆状椭圆形或卵形，长7～17cm，先端短渐尖或急尖，基部歪斜，宽楔形；叶面深绿色，光亮，背面苍绿色；全缘。

（3）圆锥花序顶生或腋生。

（4）蒴果球形。

（5）花期4～5月，果熟需要一年时间。

【原产地及分布】

原产非洲热带地区，我国福建、台湾、广东、广西、云南及海南等地有栽培。

【生态习性】

喜光，喜温暖湿润气候，耐旱，不耐瘠薄，不耐低温。生长快。

【配置建议】

（1）2008年广州受冷害，部分非洲楝行道树冻死。鉴于非洲楝为外来树种，不耐低温，在南方城市不适宜大规模用于行道树。

（2）树形高大开展，树干斑驳，枝叶茂盛，以观形为主。

（3）可用作孤赏树、园景树或庭荫树。

【常见病虫害】

（1）病害　褐根病、猝倒病和炭疽病。

（2）虫害　麻楝芽斑螟。

118. 楝

（楝树、苦楝）*Melia azedarach* 楝科 楝属

【识别特征】

（1）落叶乔木，高达10m；树皮灰褐色，纵裂。

（2）2～3回奇数羽状复叶，小叶对生，卵形至椭圆形，先端短渐尖，基部楔形或宽楔形，偏斜，边缘有钝锯齿。

（3）圆锥花序，淡紫色，芳香。

（4）核果近球形。

（5）花期4～5月，果期10～11月。

【原产地及分布】

原产我国黄河以南各省区。广布于亚洲热带和亚热带地区，温带地区也有栽培。

【生态习性】

喜光，耐阴，耐水湿，稍耐旱，对有毒气体抗性强。

【配置建议】

（1）树形挺拔，枝叶秀丽，春季先叶开淡紫色花，清雅脱俗，秋季果实悬垂枝头，是优良的观形、观花、观果树种。

（2）可孤植、列植、丛植作孤赏树、园景树、庭荫树或行道树。可配置于水边、休疗养院、工厂矿区。

【常见病虫害】

（1）病害　褐斑病、丛枝病和溃疡病。

（2）虫害　红蜘蛛、介壳虫和锈壁虱。

锦葵科

119. 木棉

（英雄树、红棉、攀枝花）*Bombax ceiba* 锦葵科 木棉属

【识别特征】

（1）落叶乔木，高25m。树干有圆锥状皮刺，老时皮刺不明显；分枝平展，近于轮生。

（2）掌状复叶，小叶5～7枚，全缘。

（3）花大，春季先叶开放，红色。

（4）蒴果长圆形，木质，内有丝状绵毛。

（5）花期3～4月，果6～7月成熟。

【原产地及分布】

原产我国南部及亚洲其他热带地区至澳大利亚。

【生态习性】

喜光，喜高温湿润气候，适应性强，耐干旱，耐瘠薄，抗风，抗大气污染，不耐水湿。

【配置建议】

（1）树干笔直，花冬季开放，鲜红色，又名英雄树，广州市市花。

（2）树形高大挺拔，枝干分层明显；叶形秀丽，秋季落叶前变黄色；花色鲜红，早春先花后叶，可观形、观干、观花、观秋色叶。

（3）可孤植或丛植作孤赏树、庭荫树或园景树，列植作行道树。由于果实成熟后开裂会有棉絮飞出，引发呼吸道疾病，因此不适合集中大量应用，如行道树。

【常见病虫害】

（1）病害　炭疽病和斑点病。

（2）虫害　小绿叶蝉、天牛和金龟子。

120. 槭叶酒瓶树

（槭叶桐）*Brachychiton acerifolius*

锦葵科　酒瓶树属

【识别特征】

（1）半常绿乔木。

（2）单叶互生，掌状5～9裂，纸质。

（3）圆锥状花序腋生，花钟形或小酒瓶状，红色。

（4）蓇果，长圆状棱形，果瓣赤褐色，近木质。

（5）花期4～7月，果期9～10。

【原产地及分布】

原产于澳大利亚。中国广东、广西等地均有引种栽培。

【生态习性】

喜光，喜温暖湿润气候，喜排水良好的土壤；耐旱、稍耐寒，抗病性强。

【配置建议】

（1）树姿优美，花形可爱，花色艳丽，先花后叶。

（2）可作孤赏树、园景树和行道树，也可用于沿路生态景观建设。

【常见病虫害】

（1）病害　立枯病。

（2）虫害　蚜虫和尺蛾。

121. 美丽异木棉

（美人树）*Ceiba speciosa*　　锦葵科　吉贝属

【识别特征】

（1）落叶乔木，高15m，树干下部膨大，幼树树皮浓绿色，密生圆锥状皮刺，侧枝放射状水平伸展或斜向伸展。

（2）掌状复叶，小叶5～9枚，小叶椭圆形，叶缘有锯齿。

（3）花单生，粉红色，中心白色，花瓣5枚，反卷。

（4）蒴果椭圆形，内含绵毛。

（5）花期10～12月，果次年5月成熟。

【原产地及分布】

原产巴西、玻利维亚及阿根廷，热带地区多有栽培。

【生态习性】

喜光，喜高温多湿气候，生长迅速，4～6年树龄便可开花，抗风，不耐干旱，不耐阴，对土质要求不严，栽培地全日照、半日照或稍荫处均能正常生长，排水须良好。

【配置建议】

（1）树冠伞形，枝叶青翠，树干翠绿多瘤状尖突，冬季盛花期满树姹紫，秀色照人，为近年来引种成功的观形、观干、观花树种。

（2）可孤植作孤赏树、园景树或庭荫树，也可列植作行道树，或丛植配置。

【常见病虫害】

（1）病害　茎腐病。

（2）虫害　金龟子和红蜘蛛。

122. 梧桐

（青桐）*Firmiana simplex*　　锦葵科　梧桐属

【识别特征】

（1）落叶乔木，高20m，树皮青绿色。

（2）单叶互生，心形，掌状3～5深裂，直径15～30cm，背面灰绿色，基出脉5～7条。

（3）雌雄同株，圆锥花序顶生，淡黄绿色，萼片5深裂，裂片外卷，长7～9mm，外面被毛，无花瓣。

（4）蓇葖果，早开裂。种子棕黄色，大如豌豆，表面皱缩，着生于果皮边缘。

（5）花期6～7月，果9～10月成熟。

【原产地及分布】

原产我国及日本。南北各地多有栽培。

【生态习性】

喜光，喜温暖湿润气候，耐寒，耐干旱和瘠薄，抗大气污染，对土质要求不严，移植易成活，生长快速。

【配置建议】

（1）树干翠绿通直，树冠圆形，树姿美雅，花序奇特大型，是优良的观干、观形、观花和观果树种。

（2）“栽得梧桐树，引来金凤凰。”梧桐被视为吉祥、祥瑞的象征，为庭院绿化常见树种。园林绿地中，可孤植、对植、丛植或列植，作孤赏树、庭荫树、园景树或行道树。

【常见病虫害】

（1）病害　未见。

（2）虫害　木虱、卷叶螟和星天牛。

123. 黄槿

（海麻、万年春）*Hibiscus tiliaceus*　　锦葵科　木槿属

【识别特征】

（1）常绿乔木，高10m。

（2）单叶互生，革质，心形，全缘或具不明显细圆齿，托叶大。

（3）聚伞花序顶生或腋生，黄色。

（4）蒴果卵圆形，木质。

（5）花期6月至次年2月，果期2～6月。

【原产地及分布】

原产台湾、广东、福建等省。分布于越南、柬埔寨、老挝、缅甸、印度、印度尼西亚、马来西亚及菲律宾等热带国家。

【生态习性】

喜光，喜温暖湿润气候，适应性特强，耐寒，耐干旱和瘠薄，耐盐，抗风及抗大气污染。

【配置建议】

（1）树冠整齐，枝叶繁茂，叶圆花艳，花期长，是优良的观形、观花树种。

（2）可孤植、对植、列植、丛植作孤赏树、园景树、庭荫树或行道树。也适合作海岸地带防风固沙林树种。

【常见病虫害】

（1）病害　未见。

（2）虫害　介壳虫。

124. 瓜栗

（水瓜栗、中美木棉）*Pachira aquatica*　锦葵科　瓜栗属

【识别特征】

（1）常绿乔木，高可达20m。幼枝栗褐色，无毛。

（2）掌状复叶，小叶5～11，革质，具短柄或近无柄，长圆形至倒卵状长圆形，渐尖，基部楔形，全缘，背面及叶柄被锈色茸毛。

（3）花单生枝顶叶腋；花瓣淡黄绿色，狭披针形至线形，上半部反卷；花丝下部黄色，向上变红色，花药狭线形，弧曲；花柱长于雄蕊，深红色。

（4）蒴果近梨形，木质，黄褐色。

（5）花期6月，果期8～9月。

【原产地及分布】

原产中美洲墨西哥至哥斯达黎加的热带雨林地区。1978年华南植物园将水瓜栗等71种植物作为美洲种质资源首次引入我国。

【生态习性】

喜光，喜温暖湿润气候。

【配置建议】

（1）树形高大挺拔，枝叶茂密，花形独特，果实大而红艳，可作为观形、观叶、观花和观果树种。

（2）可用作孤赏树、庭荫树和行道树。

【常见病虫害】

（1）病害　叶斑病。

（2）虫害　介壳虫。

125. 光瓜栗

（马拉巴栗、发财树）*Pachira glabra* 锦葵科 瓜栗属

【识别特征】

（1）常绿乔木，高可达6m。干基膨大，肉质，幼时绿色。

（2）掌状复叶，小叶5～9，长椭圆形或披针形，全缘。

（3）花单生叶腋，花瓣淡绿色反卷，花丝白色。

（4）蒴果木质，内有长绵毛。

（5）花期5～11月。

【原产地及分布】

原产于墨西哥。我国华南地区有露地栽培，全国各地以盆栽作室内观赏。

【生态习性】

喜光，喜高温多湿气候，对土壤要求不严；耐阴，耐旱，不耐寒。

【配置建议】

（1）枝干绿色，柔韧性好，可以扭曲编麻花辫造型。掌状叶排列舒展，小叶纤细美观。

（2）常盆栽用于室内空间绿化和居家观赏，商品名为“发财树”。也可用作园景树、孤赏树。

【常见病虫害】

（1）病害　根腐病和叶枯病。

（2）虫害　蔗扁蛾。

126. 假苹婆

（鸡冠皮、鸡关木）*Sterculia lanceolata*　　锦葵科　苹婆属

【识别特征】

（1）常绿乔木，有板根。

（2）单叶互生，椭圆形或椭圆状披针形，叶柄端肿大。

（3）圆锥花序腋生，花淡红色，萼片5枚，无花瓣。

（4）蓇葖果鲜红色。

（5）花期4～6月，果7～9月成熟。

【原产地及分布】

原产广东、广西、云南、贵州和四川南部，为国产苹婆属中分布最广的一种。缅甸、泰国、越南、老挝也有分布。

【生态习性】

喜光，喜温暖湿润气候，不耐干旱，不耐寒。

【配置建议】

（1）树冠宽阔，树姿优雅，花形可爱，果实红艳、开裂有张度。

（2）可孤植、丛植作园景树、孤赏树或庭荫树，也可列植作道路分隔带树种或行道树。

【常见病虫害】

（1）病害　炭疽病。

（2）虫害　木虱。

127. 苹婆

（凤眼果）*Sterculia monosperma*　　锦葵科　苹婆属

【生态习性】

喜光，适宜排水良好肥沃的土壤，酸性、中性及石灰性土壤均可生长。

【配置建议】

（1）树形高大挺拔，花形独特悬垂，果实鲜红可食，是优良的观形、观花、观果树种。

（2）可孤植、对植、丛植、列植，作园景树、庭荫树或行道树。

【常见病虫害】

（1）病害　炭疽病。

（2）虫害　木虱。

【识别特征】

（1）常绿乔木，树皮黑褐色，光滑。

（2）单叶互生，薄革质，矩圆形或椭圆形，长8～25cm，宽5～15cm，顶端急尖或钝，基部浑圆或钝，叶柄两端肿大。

（3）圆锥花序顶生或腋生，花梗长；萼初时乳白色，后转为淡红色，钟状，5裂，裂片条状披针形，先端渐尖且向内曲，在顶端互相黏合。

（4）蓇葖果鲜红色。

（5）花期4～5月，果9～10月成熟。

【原产地及分布】

中国、印度、越南、印度尼西亚有分布，福建、华南地区多有栽培。

瑞香科

128. 土沉香

（白木香、牙香树、女儿香）*Aquilaria sinensis* 瑞香科 沉香属

【识别特征】

（1）常绿乔木，高15m。

（2）单叶互生，近革质，卵形至椭圆形，长5～10cm。

（3）伞形花序顶生和腋生，花芳香，黄绿色。

（4）蒴果。

（5）花期3～5月，果期9～10月。

【原产地及分布】

原产福建、台湾、广东、广西及云南。

【生态习性】

喜光，喜温暖湿润气候，耐半阴，抗风，生长迅速，萌发力强。

【配置建议】

（1）树形优美，叶色鲜亮，花形独特，有清香味，果实如灯笼般悬挂于树上，且具药用价值，是观形、观花、观果的优良树种。

（2）可孤植、丛植作庭院园景树，也可散植于高大乔木的下层作中层配置树。

【常见病虫害】

（1）病害　枯萎病和炭疽病。

（2）虫害　黄野螟和卷叶虫。

辣木科

129. 辣木

Moringa oleifera　　辣木科　辣木属

【识别特征】

（1）乔木，高可达12m，树皮软木质。枝有明显的皮孔及叶痕，小枝有短柔毛，根有辛辣味。

（2）三回羽状复叶，长25～60cm，羽片4～6对；小叶3～9片，薄纸质，卵形，椭圆形或长圆形，通常顶端的1片小叶较大。

（3）圆锥花序腋生，白色，芳香，花瓣匙形。

（4）蒴果细长，下垂，3瓣裂。

（5）花期全年，果期6～12月。

【原产地及分布】

原产印度，现广植于各热带地区。为引进树种，在广东、云南、海南等地常见栽培。

【生态习性】

喜光，喜温暖湿润气候，喜肥沃排水良好的土壤。

【配置建议】

（1）枝叶扶苏，叶形美观，花色素雅。

（2）可用于路缘、山石旁作园景树。

【常见病虫害】

（1）病害　根腐病和炭疽病等。

（2）虫害　红蜘蛛和斜纹夜蛾。

山柑科

130. 树头菜

（单色鱼木）*Crateva unilocularis* 山柑科 鱼木属

【原产地及分布】

原产广东、广西、福建及云南等省区；亚洲热带其他地区和大洋洲也有分布。

【生态习性】

喜光，喜温暖湿润气候，适应性较强。

【配置建议】

（1）嫩叶可做蔬菜食用，因此得名树头菜。

（2）树形优美，花大而独特，色彩由白转黄，为优良的观形、观花树种。

（3）可用作孤赏树、园景树或行道树。

【常见病虫害】

（1）病害 立枯病、疮痂病和白纹羽病。

（2）虫害 蚜虫。

【识别特征】

（1）落叶乔木，高15m。枝灰褐色，常中空，有散生灰色皮孔。

（2）三出掌状复叶，小叶纸质，有光泽，背面苍灰色，卵形或卵状披针形，长7～12cm，约为宽的2～2.5倍，侧生小叶基部歪斜，顶端渐尖或急尖，中脉带红色；叶柄顶端向轴面有腺体。

（3）伞房花序顶生，白色或黄色，有爪，雄蕊16～18，花期时树上有叶。

（4）浆果球形，红色，表面粗糙，有灰黄色小斑点；种子小，扁，无瘤状突起。

（5）花期3～7月，果期6～10月。

山茱萸科

131. 喜树

（旱莲、千丈树）*Camptotheca acuminata* 山茱萸科 喜树属

【识别特征】

（1）落叶乔木，高可达30m。

（2）单叶互生，椭圆形至长卵形，长8～20cm，先端突渐尖，基部广楔形，全缘或微呈波状，羽状脉弧形而在表面下凹，叶柄常带红色。

（3）头状花序，雌花序顶生，雄花序腋生；花萼5裂，花瓣5，淡绿色。

（4）瘦果有窄翅，集生成球形。

（5）花期7月；果10～11月成熟。

【原产地及分布】

我国特产，长江以南各省及部分长江以北地区均有分布和栽培。

【生态习性】

喜光，稍耐阴；喜温暖湿润气候，不耐寒；较耐水湿，不耐干旱瘠薄土壤；萌芽力强，抗病虫能力强，但耐烟性弱。

【配置建议】

（1）树冠宽广，主干通直，叶荫浓郁，果形独特。

（2）可孤植、对植、丛植或列植作孤赏树、园景树、庭荫树。

【常见病虫害】

（1）病害　黑斑病和根腐病。

（2）虫害　地老虎。

山榄科

132. 人心果

（人参果、赤铁果）*Manilkara zapota*　　山榄科　铁线子属

【识别特征】

（1）常绿乔木，高可达20m，枝褐色，有明显的叶痕。

（2）单叶互生，或集生于枝顶，革质，长圆形或卵状椭圆形，长6～19cm，先端急尖或钝，基部楔形，全缘或微波状；侧脉多且平行。

（3）花腋生，白色。

（4）浆果卵形，褐色，可食用。

（5）花果期4～9月。

【原产地及分布】

原产美洲热带地区，我国广东、广西、云南有栽培。

【生态习性】

喜暖热湿润气候，喜排水良好的沙壤土。适应性强，抗寒力较强。

【配置建议】

（1）树形整齐，枝叶浓密，叶色深绿，果实如心形而可爱。树干丰富的乳汁为口香糖原料。

（2）常用作孤赏树或园景树。

【常见病虫害】

（1）病害　叶斑病和炭疽病。

（2）虫害　蚜虫。

柿科

133. 柿

（朱果、猴枣）*Diospyros kaki*　　柿科　柿属

【识别特征】

（1）落叶乔木，高达15m，树冠球形。树皮深灰色，方形块裂。

（2）单叶互生，卵状椭圆形，长6～14cm，近革质，全缘，叶背叶脉及叶柄有柔毛。

（3）雌雄异株或同株，花冠钟状，黄白色。花萼3～7浅裂，宿存。

（4）浆果卵圆形或扁球形，橙黄色或橙红色，可食用。

（5）花期5～6月，果9～10月成熟。

【原产地及分布】

原产中国，分布极广，北自河北长城以南，西北至陕西、甘肃南部，南至东南沿海、两广及台湾，西南至四川、贵州、云南均有分布。

【生态习性】

强阳性树种，耐寒，耐旱，耐瘠薄，忌积水；对SO_2抗性强，对Cl_2抗性弱，对HF敏感。

【配置建议】

（1）树形高大挺拔，姿态古朴，秋季果实橙黄，秋叶深红，是优良的观形、观果、秋色叶树种。

（2）可用作孤赏树、园景树、庭荫树或行道树。

【常见病虫害】

（1）病害　炭疽病和白粉病。

（2）虫害　介壳虫。

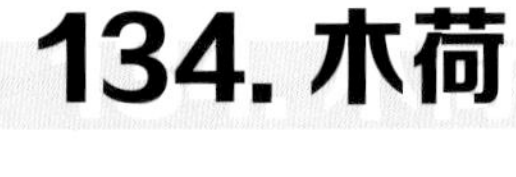

山茶科

134. 木荷

（荷木、荷树）*Schima superba*　　山茶科　木荷属

【识别特征】

（1）常绿乔木，高10m。

（2）单叶互生，革质，椭圆形或倒披针形，长7～12cm，边缘有锯齿；叶柄长1～2cm。

（3）总状花序生于枝顶或单朵腋生，白色，芳香。

（4）蒴果近球形。

（5）花期6～8月，果期9～11月。

【原产地及分布】

原产于华东、华南至西南。

【生态习性】

喜光，喜温暖湿润气候，耐寒，抗风力强，对有毒气体有一定的抗性。

【配置建议】

（1）树姿挺拔，四季常绿；新叶与老叶入秋时都呈红色；夏初开花，清雅芳香，是优良的观形、观花、香花、春色叶、秋色叶树种。

（2）可作孤赏树、园景树或庭荫树。其叶质厚，着火温度高，含水量大，不易燃烧，有防火作用，又常被用为防火林树种。

【常见病虫害】

（1）病害　褐斑病。

（2）虫害　地老虎。

茜草科

135. 团花

（黄梁木）*Neolamarckia cadamba*　　茜草科　团花属

【识别特征】

（1）落叶乔木，高可达30m。

（2）单叶对生，革质，椭圆形，长15～25cm，宽7～12cm。

（3）头状花序顶生，花细小，黄色。

（4）果球形，黄绿色。

（5）花期6～8月，果期6～9月。

【原产地及分布】

原产广东、广西和云南南部以及越南、马来西亚、缅甸和印度。

【生态习性】

喜光，喜温暖湿润气候，不抗强风，不耐寒，生长迅速。

【配置建议】

（1）树形高大挺拔，叶大而美丽，头状花序由无数的小花组成，故名“团花”，果实大而素雅，为著名的速生丰产林树种，可观形、观花、观果。

（2）可孤植、丛植、列植作园景树、孤赏树、庭荫树或行道树。

【常见病虫害】

（1）病害　猝倒病。

（2）虫害　天牛。

夹竹桃科

136. 糖胶树

（盆架子、面条树）*Alstonia scholaris*　　夹竹桃科　鸡骨常山属

【识别特征】

（1）常绿乔木，高20m。树皮浅纵裂，有横纹皮孔。大枝轮生，具乳汁。

（2）叶3～10片轮生，倒卵状长圆形、或匙形，顶端圆钝或微凹，侧脉密而平行，有边脉。

（3）聚伞花序顶生，白色，花冠高脚碟状。

（4）蓇葖果线形，长20～60cm，灰白色。

（5）花期6～11月，果期10月至次年4月。

【原产地及分布】

原产广西和云南。东南亚和澳大利亚热带地区有分布。广东、广西、湖南、福建和海南有栽培。

【生态习性】

喜光，喜高温湿润气候，对土壤要求不严，抗风，抗大气污染。

【配置建议】

（1）树形高大挺拔，轮生叶可爱，果期如面条悬挂树上而得名“面条树”；乳汁丰富，可提制口香糖原料，故有称“糖胶树”。可观形、观花和观果。

（2）可用作孤赏树、园景树、庭荫树和行道树。花的浓香味不能被多数人接受，因此配置时数量不宜太多，尤其当用于住宅小区的绿化时不可做行道树。

【常见病虫害】

（1）病害　未见。

（2）虫害　绿翅绢野螟、圆盾蚧和木虱。

137. 古城玫瑰树

（红玫瑰木）*Ochrosia elliptica*　夹竹桃科　玫瑰树属

【识别特征】

（1）常绿乔木，有乳汁。

（2）叶3～4枚轮生，稀对生，薄纸质，倒卵状长圆形至宽椭圆形，长8～15cm，宽3～5cm，先端钝或短渐尖，基部渐狭成楔形；有明显边脉。

（3）聚伞花序，白色。

（4）核果红色，成对着生。

（5）花期9月。果期11月至次年3月。

【原产地及分布】

原产澳大利亚的昆士兰及其南部岛屿。我国台湾古城和广东沿海岛屿有栽培。

【生态习性】

喜光，喜温暖湿润气候和通风良好的环境。

【配置建议】

（1）树形优雅，果实红艳，果形独特，叶内含有抗癌物质，是新优观果和保健树种。

（2）可孤植、丛植于草地上或路缘做园景树。

【常见病虫害】

未见病虫害。

138. 红鸡蛋花

（鹿角树）*Plumeria rubra*　　夹竹桃科　鸡蛋花属

【识别特征】

（1）落叶乔木，高可达5m；枝干粗壮，平滑，具丰富乳汁。

（2）单叶互生，厚纸质，长圆状倒披针形，顶端急尖，基部狭楔形，长14～30cm，宽6～8cm，叶面深绿色；侧脉平行，有边脉，全缘。

（3）聚伞花序顶生，深红色。

（4）蓇葖果长圆形。

（5）花期3～9月，果期6～12月，结果极少。

【原产地及分布】

原产于南美洲，现广植于亚洲热带和亚热带地区。华南园林有栽培。

【生态习性】

喜光，喜高温湿润气候，耐旱，生长迅速。

【配置建议】

（1）树形美观，枝干肉质青绿色，叶形大而秀丽，花色鲜艳，花形独特。落叶后，树干秃净光滑，似梅花鹿的角，有“鹿角树”之称。

（2）可孤植、丛植作园景树或孤赏树，也可列植用于水岸边绿化。品种鸡蛋花（‘Acutifolia’）花冠白色，中心黄色。

【常见病虫害】

（1）病害　角斑病、白粉病、锈病。

（2）虫害　红蜘蛛、介壳虫。

139. 黄花夹竹桃

（黄花状元竹）*Thevetia peruviana*

夹竹桃科　红果竹桃属

【识别特征】

（1）常绿小乔木或灌木，高达5m。树皮棕褐色，皮孔明显；全株具丰富乳汁。

（2）单叶互生，近革质，无柄，线形或线状披针形，两端长尖，长10～15cm，宽5～12mm，光亮，全缘，边稍背卷，侧脉不明显。

（3）聚伞花序顶生，花冠漏斗状，黄色，具香味。

（4）核果扁三角状球形。

（5）花期5～12月，果期8月至次年春季。

【原产地及分布】

原产于美洲热带地区，现热带和亚热带地区均有栽培。我国台湾、福建、广东、广西和云南等省区有栽培。

【生态习性】

喜光，喜温暖湿润环境，耐旱，稍耐寒。

【配置建议】

（1）株形开展，枝叶茂密，叶形秀丽，花色金黄，花形可爱，花期长。

（2）可孤植、对植、丛植、列植用于花坛、花境、路缘、林缘、入口两侧、建筑物前、水岸边、山石旁等处配置。

【常见病虫害】

（1）病害　褐斑病和黑斑病。

（2）虫害　蚜虫和介壳虫。

140. 倒吊笔

（九龙木、神仙蜡烛）*Wrightia pubescens*　夹竹桃科　倒吊笔属

【识别特征】

（1）常绿乔木，高可达20m。含乳汁；树皮黄灰褐色，浅裂；枝圆柱状，小枝被黄色柔毛，密生皮孔。

（2）单叶对生，坚纸质，卵圆形或卵状长圆形，全缘。

（3）聚伞花序，内面基部有腺体；花冠漏斗状，白色、浅黄色或粉红色；副花冠呈流苏状；雄蕊伸出花喉之外，花药箭头状。

（4）蓇葖果，种子具长绢质种毛。

（5）花期4～8月，果期8月～翌年2月。

【原产地及分布】

原产广东、广西、贵州和云南等地。

【生态习性】

喜光，喜高温多湿气候。

【配置建议】

（1）树形优美，四季常绿；花色洁白素雅，果实如毛笔吊挂在枝头，是观花、观果的乡土植物。

（2）可孤植、丛植或列植作孤赏树、庭荫树或园景树。

【常见病虫害】

（1）病害　蔓枯病。

（2）虫害　瓜绢螟。

紫草科

141. 厚壳树

（大岗茶、松杨）*Ehretia acuminata*　紫草科　厚壳树属

【识别特征】

（1）落叶乔木，高达15m，树皮灰黑色，纵条裂；枝淡褐色，有皮孔。

（2）单叶互生，椭圆形或长圆状倒卵形，长5～13cm，宽4～6cm，先端尖，基部宽楔形，边缘有锯齿，齿端向上而内弯；叶柄长1～3cm。

（3）聚伞花序，花小，芳香，花冠钟状，白色。

（4）核果黄色或橘黄色。

（5）花期4月，果期7月。

【原产地及分布】

原产华南、华东及台湾、山东、河南等省区。日本、越南有分布。

【生态习性】

喜光，稍耐阴，喜温暖湿润的气候，耐寒，较耐瘠薄，根系发达，萌蘖性好，耐修剪，适应性强。

【配置建议】

（1）树形高大雄伟，姿态优雅，枝叶繁茂，叶形秀丽；春季白花满枝；秋季落叶前会变成红色。

（2）可用作孤赏树、园景树或庭荫树，也可用作行道树。

【常见病虫害】

未见病虫害。

泡桐科

142. 白花泡桐 [pāo tóng]

（白花桐、泡桐）*Paulownia fortunei*

泡桐科　泡桐属

【识别特征】

（1）落叶乔木，高达30m，树冠圆锥形，主干直。

（2）单叶对生，长卵状心形，长20cm，全缘，表面无毛，背面密被茸毛；叶柄长12cm。

（3）圆锥状聚伞花序顶生，乳白色，花冠内有紫色斑，芳香。

（4）蒴果长圆形。

（5）花期3～4月，果期9～10月。

【原产地及分布】

长江流域以南各省有分布。生长快。

【生态习性】

喜光稍耐阴，喜温暖气候，较耐寒，适应性强。

【配置建议】

（1）树形高大挺拔，早春先花后叶，乳白色花集聚于枝头，极为壮观。

（2）可孤植、丛植或群植作孤赏树、园景树或庭荫树，也可用于工矿区绿化。

【常见病虫害】

（1）病害　炭疽病。

（2）虫害　金龟子、小地老虎、泡桐网蝽和泡桐叶甲等。

紫葳科

143. 黄花风铃木

（黄钟木） *Handroanthus chrysanthus*

紫葳科　风铃木属

【识别特征】

（1）落叶乔木，高6m。

（2）掌状复叶，小叶4～5枚，倒卵形，纸质有疏锯齿，黄绿至深绿色，被褐色细茸毛。

（3）花漏斗形，先端5裂，缘皱曲，金黄色。

（4）蓇葖果，向下开裂，表面被黄褐色毛。

（5）花期3～4月，果期5～6月。

【原产地及分布】

原产墨西哥、中美洲、南美洲。

【生态习性】

喜光，喜高温气候，不耐寒。

【配置建议】

（1）花色金黄明艳，早春先叶开放，花相密集，是新引种成功的优良观花树种。

（2）可孤植、丛植或列植作园景树或行道树。

【常见病虫害】

（1）病害　叶斑病。

（2）虫害　天牛。

144. 蓝花楹

（含羞草叶楹）*Jacaranda mimosifolia*　紫葳科　蓝花楹属

【识别特征】

（1）落叶乔木，高达15m。枝条很长。

（2）二回奇数羽状复叶，羽片常16对以上，小叶16～24对；小叶椭圆状披针形至椭圆状菱形，顶端急尖，全缘。

（3）圆锥花序顶生或腋生，蓝色。

（4）蒴果木质，扁卵圆形。

（5）花期5～6月，果期11月。

【原产地及分布】

原产巴西、玻利维亚、阿根廷。我国广东、海南、广西、福建、云南、香港有栽培。

【生态习性】

喜光，喜高温湿润气候，对土壤要求不严，抗风，耐旱，不耐寒。

【配置建议】

（1）树干伞形，树姿优美，花先叶开放，盛花期，绽开满树蓝花，果实圆形可爱。

（2）可用作孤赏树、园景树、庭荫树和行道树。

【常见病虫害】

（1）病害　猝倒病。

（2）虫害　天牛。

145. 吊瓜树

（吊灯树）*Kigelia africana* 紫葳科 吊瓜树属

【识别特征】

（1）常绿乔木，高20m。

（2）奇数羽状复叶对生或轮生，小叶7～9，倒卵状长圆形或长圆形，硬革质，对生或近对生，几乎无叶柄，基部歪斜。

（3）总状花序顶生，花序轴下垂，长50～100cm；花稀疏，歪斜漏斗状，橘黄色带紫红色斑纹或为紫红色。

（4）果大型，圆柱状，似冬瓜，下垂，可食用。

（5）花期4～5月，果期9～10月。

【原产地及分布】

原产热带非洲，我国南方园林多有栽培。

【生态习性】

喜光，喜高温多湿气候，生长快。

【配置建议】

（1）树形广阔，姿态优美，花序长而下垂，花大艳丽，果形独特。

（2）可用作孤赏树、园景树或庭荫树。

【常见病虫害】

（1）病害 斑叶病和灰霉病。

（2）虫害 蚜虫。

146. 毛叶猫尾木

（猫尾木）*Markhamia stipulata* var. *Kerri*

紫葳科　猫尾木属

【识别特征】

（1）常绿乔木，高可达10m。

（2）奇数羽状复叶，小叶6～7对，卵形或长椭圆形，基部偏斜，亮绿色。

（3）总状花序顶生；花大，不规则漏斗状，檐部黄色，其余部分紫色。

（4）蒴果圆柱形，长30～60cm，悬垂，被稠密的褐黄色茸毛。

（5）花期10～11月，果期次年4～6月。

【原产地及分布】

原产广东南部、海南、广西和云南南部以及泰国、老挝和越南。

【生态习性】

喜光，喜高温湿润气候，喜深厚肥沃排水良好的土壤；稍耐阴，生长迅速，适应性强。

【配置建议】

（1）树冠浓荫，花大美丽，蒴果大而似猫尾，是热带地区多栽培的观形、观花、观果树种。

（2）可用作孤赏树、园景树、庭荫树或行道树。

【常见病虫害】

（1）病害　猝倒病。

（2）虫害　天牛。

147. 海南菜豆树

（大叶牛尾林）*Radermachera hainanensis*

紫葳科　菜豆树属

【识别特征】

（1）常绿乔木，高13m。

（2）二回羽状复叶，小叶5枚，纸质，长圆状卵形或卵形，顶端渐尖，基部阔楔形，全缘。

（3）总状花序腋生，少花，花冠淡黄色，钟状，2强雄蕊（雄蕊4，2长2短）。

（4）蒴果长达40cm，粗约5mm。

（5）花期4～9月，果期9～10月。

【原产地及分布】

原产广东、海南、云南。

【生态习性】

喜光，喜温暖湿润气候，耐半阴，生长快。

【配置建议】

（1）树干通直，树姿优雅，花形可爱，色彩淡雅，果型似菜豆，是优良的观形、观花、观果树种。

（2）可用作园景树、庭荫树或行道树。也可盆栽用于室内绿化。

【常见病虫害】

（1）病害　猝倒病。

（2）虫害　介壳虫和蚜虫。

148. 火焰树

（火焰木）*Spathodea campanulata*　　紫葳科　火焰树属

【识别特征】

（1）常绿乔木，树皮灰褐色，稍纵裂。

（2）奇数羽状复叶，对生，小叶13～17枚，椭圆形或倒卵形，两面被毛，基部歪斜，叶脉在靠近叶柄处有多枚黄绿色腺体。

（3）总状花序，花大，橙红色，中心黄色。

（4）蒴果长圆状棱形，种子有膜质翅。

（5）全年可开花。

【原产地及分布】

原产热带非洲和热带美洲，各热带地区多有栽培。

【生态习性】

喜光，喜高温湿润气候，喜深厚、肥沃、排水良好的沙壤土；不耐寒，不抗风。

【配置建议】

（1）树姿优雅、树冠广阔，四季常青，花期长；盛花期，花序似火焰般灿烂夺目，是珍贵的热带观形、观花树种。

（2）可用作园景树、孤赏树、庭荫树或行道树。

【常见病虫害】

（1）病害　立枯病。

（2）虫害　蚜虫、金龟子和尺蛾等。

冬青科

149. 铁冬青

（熊胆木、白银香）*Ilex rotunda* 冬青科 冬青属

【识别特征】

（1）常绿乔木，高可达20m。

（2）单叶互生，薄革质，卵形、倒卵形或椭圆形，长4～10cm，先端短渐尖，基部楔形或钝，全缘，稍反卷。

（3）雌雄异株，聚伞花序腋生，白色。

（4）果近球形，红色，宿存花萼平展。

（5）花期4～6月，果期8～12月。

【原产地及分布】

原产于华东、华南及西南地区。朝

鲜、日本和越南北部也有分布。

【生态习性】

喜光，喜温暖湿润气候，适应性强，抗大气污染。

【配置建议】

（1）树形开展，枝叶茂盛，小花雅致繁多，红果灿烂夺目，为优良的观花、观果树种。

（2）可用作孤赏树、园景树、庭荫树。火烧叶子，不燃烧会形成黑色圆圈，故可做防火树种。

【常见病虫害】

（1）病害　立枯病。

（2）虫害　蚜虫。

五福花科

150. 珊瑚树

（早禾树）*Viburnum odoratissimum*　　五福花科　荚蒾属

【识别特征】

（1）常绿小乔木或灌木，高可达10m，小枝有韧性。

（2）单叶对生，革质，椭圆形或长圆状倒卵形，长7～20cm，边缘有不规则波状浅锯齿或近全缘，叶背有暗红色腺点，脉腋间有1小孔。

（3）圆锥花序顶生，花细小，白色，芳香。

（4）核果卵圆形，成熟时由红色变为黑色。

（5）花期4～5月（有时不定期开花），果期9～10月。

【原产地及分布】

原产我国华南地区以及印度、缅甸、泰国和越南。

【生态习性】

喜光，喜温暖湿润气候，不耐寒，不耐干旱，耐半阴，对大气污染有较强的抗性，耐修剪，萌发力强，易整形（因枝条有韧性）。

【配置建议】

（1）枝叶繁茂，叶色四时翠绿亮泽，花色洁白有香味，果期红果串串形如珊瑚，绚丽可爱。

（2）可用作园景树、庭荫树或绿篱。

【常见病虫害】

（1）病害　根腐病、黑腐病、茎腐病和叶斑病等。

（2）虫害　蚜虫、吹绵蚧和红蜘蛛。

五加科

151. 幌伞枫

（晃伞枫、幌伞树）*Heteropanax fragrans*　五加科　幌伞枫属

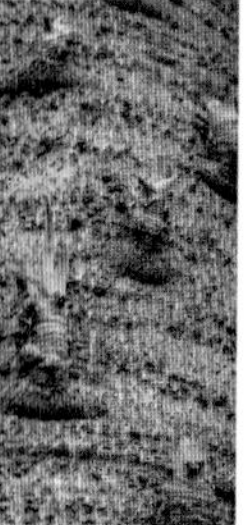

【识别特征】

（1）常绿乔木，高可达30m，树皮淡灰棕色。

（2）3～5回羽状复叶，小叶对生，纸质，椭圆形，先端短尖，基部楔形，边缘全缘。

（3）圆锥花序顶生，淡黄色，芳香。

（4）果实卵球形。

（5）花期10～12月，果期次年2～3月。

【原产地及分布】

分布于云南、广西、广东。印度尼西亚等地有分布。

【生态习性】

喜光，喜高温多湿气候，耐半阴，不耐寒，不耐旱。

【配置建议】

（1）树姿优雅，大型多回羽状复叶仿佛张开的雨伞，甚为壮观，为优良的观形、观叶树种。

（2）可用作孤赏树、园景树或行道树。

【常见病虫害】

（1）病害　立枯病。

（2）虫害　金龟子和蝼蛄。

152. 辐叶鹅掌柴

（澳洲鸭脚木）*Schefflera actinophylla*

五加科　南鹅掌柴属

【识别特征】

（1）常绿乔木，常用作灌木，高可达30m。

（2）掌状复叶，小叶数随树木的年龄而异，幼年时3～5，长大时5～7，至乔木状时可多达16，革质，椭圆形，先端钝，有短突尖，叶缘波状，浓绿色，有光泽，小叶柄长5～10cm。

（3）伞形总状花序，花小型，红色。

（4）花期8～9月，果期12月至次年1月。

【原产地及分布】

原产澳洲。国内南方地区多有栽培。

【生态习性】

喜光，喜温暖湿润气候和通风良好的环境。

【配置建议】

（1）株形优雅轻盈，复叶掌状，柔软下垂，花序大型色彩艳丽。

（2）可丛植或列植作园景树、也可盆栽用于室内空间绿化和观赏。

【常见病虫害】

（1）病害　炭疽病和叶斑病。

（2）虫害　介壳虫和红蜘蛛。

GUANMULEI

二、灌木类

苏铁科

153. 苏铁

（凤尾蕉、避火蕉、铁树）*Cycas revoluta*　　苏铁科　苏铁属

【识别特征】

（1）常绿小乔木或灌木，茎高5m。

（2）异形叶，营养叶羽状深裂，厚革质而坚硬；裂片条形，长18cm，边缘反卷。

（3）雌雄异株，雄球花长圆柱形，雌球花呈扁球形。

（4）种子扁卵形，红色。

（5）花期6～8月，种子10月成熟。

【原产地及分布】

原产中国南部，日本、印尼及菲律宾有分布。福建、台湾、广东、广西、江西、云南、贵州及四川各省均有栽培。

【生态习性】

喜暖热湿润气候，不耐寒。生长缓慢，寿命长。

【配置建议】

（1）姿态优美，四季常绿，能体现热带及亚热带风光。

（2）可布置于花坛中心或盆栽布置于大型会场内，孤植作园景树或盆景，也可丛植或群植观赏。在南方一些城市，可与其他乔木间植成列布置于道路的分隔带，营造亚热带景观效果。

【常见病虫害】

（1）病害　煤烟病、炭疽病和叶枯病等。

（2）虫害　介壳虫和小灰蝶。

柏科

154. 龙柏

（龙爪柏、匍地龙柏）*Juniperus chinensis* ‘Kaizuka’　柏科　刺柏属

【识别特征】

（1）常绿灌木或小乔木，树冠圆柱状或柱状塔形。

（2）鳞叶对生。

（3）雌雄同株或异株，雌花顶生。

（4）球果蓝色，微被白粉。

（5）花期3～4月，果期次年10～11月。

【原产地及分布】

栽培种。全国各地多有栽培。

【生态习性】

喜光，喜温暖环境，耐寒，适应性强。

【配置建议】

（1）形态挺拔，上部枝叶盘旋上升如游龙，四季常绿。

（2）常孤植、对植、丛植、列植或群植用于花坛、花境、路缘、林缘、入口两侧等处配置，也可用作绿篱、造型树或室内盆栽观赏。

【常见病虫害】

（1）病害　龙柏紫纹羽病。

（2）虫害　双条杉天牛、柏小爪螨、侧柏毒蛾和大蓑蛾等。

木兰科

155. 夜香木兰

（夜合花）*Lirianthe coco*　　木兰科　长喙木兰属

【识别特征】

（1）常绿灌木或小乔木，高达4m。

（2）叶大型，革质，椭圆形，长7～14cm，宽2～5cm，先端长渐尖，基部楔形，上面深绿色有光泽，稍起波皱，边缘稍反卷；叶柄不到1cm，托叶痕达叶柄顶端。

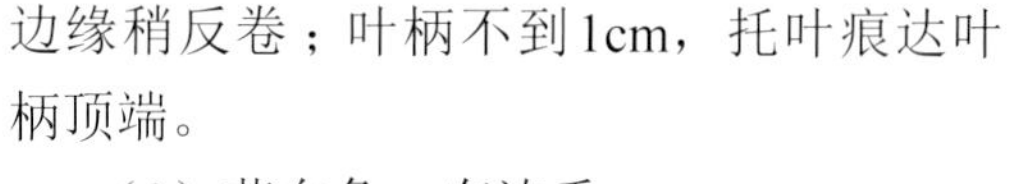

（3）花白色，有浓香。

（4）聚合蓇葖果。

（5）花期夏季，在广州几乎全年可开花，果期秋季。

【原产地及分布】

原产浙江、福建、台湾、广东、广西、云南。

【生态习性】

喜半阴，喜温暖湿润环境，较耐干旱和瘠薄。有抗大气污染、吸收有毒气体和净化空气的功能。

【配置建议】

（1）花朵纯白，入夜香气更浓郁。

（2）可孤植、列植或丛植用于路缘、池畔、角隅或廊架边的配置。

【常见病虫害】

（1）病害　叶枯病。

（2）虫害　叶甲、蚜虫和介壳虫。

156. 含笑花

（含笑、含笑梅、山节子）*Michelia figo*　　木兰科　含笑属

【识别特征】

（1）常绿灌木或小乔木，高3m。树皮灰褐色，分枝繁密；芽、嫩枝、叶柄和花梗均密被黄褐色茸毛。

（2）单叶互生，革质，倒卵状椭圆形，长4～10cm，宽1.8～4.5cm，先端钝短尖，基部楔形或阔楔形，表面光亮，下面中脉上留有褐色平伏毛，托叶痕长达叶柄顶端。

（3）花直立，淡黄色，边缘有时红色或紫色，具甜浓芳香，花被片6，肥厚。

（4）聚合果，蓇葖卵圆形或球形，顶端有短尖的喙。

（5）花期3～5月，果期7～8月。

【原产地及分布】

原产华南南部各省区，现广植于全国各地。

【生态习性】

喜半阴，喜温暖湿润环境，忌强光直射，不耐寒。

【配置建议】

（1）株形紧凑，四季常青；花形典雅，有香味，花色洁白而略有红色或紫色点缀。

（2）可孤植、列植、丛植或散植用于草地、花坛、花境、路缘、林下等处配置，也可用作整形树种或绿篱，或用于室内作盆栽观赏。

【常见病虫害】

（1）病害　叶枯病、炭疽病、藻斑病和煤污病等。

（2）虫害　介壳虫、蚜虫和红蜘蛛等。

157. 广东含笑

Michelia guangdongensis 木兰科 含笑属

【识别特征】

（1）常绿灌木或小乔木，高可达6m。树皮灰褐色；芽、嫩枝、叶柄均密被红褐色平伏短柔毛。

（2）单叶互生，革质，倒卵状椭圆形或倒卵形，长4.5～9cm，宽2.5～4.5cm，基部圆形至楔形，叶缘稍反卷，先端圆至急尖，叶背红褐色。

（3）花腋生，大型，白色，芳香。

（4）蓇葖果。

（5）花期3月。

【原产地及分布】

原产广东英德。

【生态习性】

喜光，喜温暖湿润气候，喜疏松肥沃而排水良好的酸性至微酸性土壤；较耐寒，稍耐旱，不耐水湿。

【配置建议】

（1）国家濒危树种。树形紧凑，四季常绿，叶背红褐色，为双色叶树种；花大，洁白，有香味，观赏性强。

（2）可用于路缘、林缘、花境等配置，也可盆栽室内绿化或观赏。

【常见病虫害】

（1）病害　猝倒病。

（2）虫害　未见。

天门冬科

158. 朱蕉

（铁树）*Cordyline fruticosa* 天门冬科 朱蕉属

【识别特征】

（1）常绿灌木，高可达3m。

（2）叶聚生于茎或枝的上端，矩圆形至矩圆状披针形，长25～50cm，宽5～10cm，绿色或带紫红色，叶柄有槽，长10～30cm，基部变宽，抱茎。

（3）圆锥花序，每朵花有3枚苞片；花淡红色、青紫色至黄色。

（4）浆果。

（5）花期夏秋季。

【原产地及分布】

原产越南及印度。广东、广西、福建、台湾等地常见栽培。

【生态习性】

喜光，耐半阴；喜温暖湿润环境，对土壤要求不严；不耐旱，不耐寒，生长快。

【配置建议】

（1）株形挺拔开展，叶形秀丽，叶色翠绿。

（2）常用于路缘、林缘、花境、山石旁、墙垣等处配置，也可盆栽用于室内摆设。园林中常用的品种还有娃娃朱蕉（'Dolly'），植株低矮，叶片全部暗红色，宽卵形；红边黑叶朱蕉（'Red Edge'），植株高大挺拔，叶片全部暗红色，长卵形；亮叶朱蕉（'Aichiaka'），老叶深紫色，新叶紫红色；彩叶朱蕉（'Amabilis'），新叶乳白色，中间有紫红色条纹或斑纹。

【常见病虫害】

（1）病害　炭疽病和叶斑病。

（2）虫害　介壳虫。

159. 海南龙血树

（小花龙血树）*Dracaena cambodiana*

天门冬科　龙血树属

【识别特征】

（1）常绿灌木，高可达4m。茎基部有分枝，有环状叶痕。

（2）叶集生于枝顶，基部抱茎，互相套叠；卵状披针形，向基部稍变窄，变窄部分的宽度至少达最宽部分的一半以上，革质，长50～100cm，宽2～3cm。

（3）圆锥花序顶生，绿白色，芳香。

（4）浆果。

（5）花期3～5月，果期6～8月。

【原产地及分布】

我国广东、台湾及云南有栽培，东南亚有分布。

【生态习性】

喜光，喜温暖湿润环境。

【配置建议】

（1）株形挺拔，叶色翠绿，四季常青，花序大型。

（2）可孤植或丛植用于路缘、林缘、花境、山石旁、墙垣等处配置，也可盆栽用于室内摆设。

【常见病虫害】

（1）病害　叶斑病和炭疽病。

（2）虫害　红蜘蛛。

160. 红边龙血树

（彩虹千年木、千年木）*Dracaena marginata*

天门冬科　龙血树属

【识别特征】

（1）常绿灌木，高可达3m。

（2）叶细长，新叶向上伸长，老叶下垂，叶中间绿色，叶缘有紫红色或鲜红色条纹。

（3）总状花序顶生。

（4）浆果。

（5）花果期不详。

【原产地及分布】

原产马达加斯加。

【生态习性】

喜光，喜温暖湿润环境。

【配置建议】

（1）株形挺拔，叶形秀丽，叶色美丽。

（2）可配置于路缘、花境、山石旁、近水等处，也可盆栽用于室内摆设。

【常见病虫害】

（1）病害　叶斑病和炭疽病。

（2）虫害　介壳虫。

棕榈科

161. 三药槟[bīng]榔

（丛生槟榔）*Areca triandra*　　棕榈科　槟榔属

【识别特征】

（1）常绿丛生灌木或小乔木，高4～6m。干绿色，具环状叶痕，光滑。

（2）叶片羽状深裂，裂片12～19对，近长方形。

（3）干生肉穗花序，白色，有香气。

（4）核果长圆形，熟时橙红色。

（5）花期春季，果期8～10月。

【原产地及分布】

原产印度和马来西亚，我国南方普遍栽培。

【生态习性】

喜光，耐半阴；喜温暖湿润环境，不耐寒。

【配置建议】

（1）株形挺拔秀美，四季常青，叶形秀丽。

（2）可孤植、对植、列植或丛植配置于建筑物前、角隅、路缘、山石旁、水岸边等处。

【常见病虫害】

（1）病害　溃疡病。

（2）虫害　椰心叶甲。

162. 短穗鱼尾葵

（酒椰子）*Caryota mitis*

【识别特征】

（1）常绿灌木，高可达8m。茎绿色，表面被微白色的毡状茸毛。

（2）叶二回羽状全裂，裂片楔形或斜楔形，外缘笔直，内缘1/2以上弧曲成不规则的齿缺，且延伸成尾尖或短尖。

（3）干生肉穗花序短，分枝多，长25～40cm。

（4）果球形，紫红色。

（5）花期4～6月，果期8～11月。

【原产地及分布】

原产海南、广西等地。越南、缅甸、印度、马来西亚、菲律宾、印度尼西亚也有分布。

【生态习性】

喜光，耐半阴；喜温暖湿润环境，较耐寒，生长快。

【配置建议】

（1）树干挺直，四季常绿，叶形似鱼尾巴。

（2）可配置于建筑物前、角隅、路缘、山石旁等处。

【常见病虫害】

（1）病害　炭疽病。

（2）虫害　椰心叶甲。

163. 散[sàn]尾葵

（黄椰子）*Dypsis lutescens* 棕榈科 马岛椰属

【识别特征】

（1）常绿灌木，高可达8 m。茎干光滑，基部略膨大，黄绿色，幼时被蜡粉，环状鞘痕明显。

（2）叶羽状全裂，平展而稍下弯，长1.5m，羽片40～60对，2列，黄绿色，表面有蜡质白粉，披针形，长35～50cm，宽1.2～2cm，先端长尾状渐尖并具不等长的短2裂，顶端的羽片渐短；叶柄上面具沟槽，背面凸圆。

（3）肉穗花序，花小，金黄色。

（4）果近球形。

（5）花期5月，果期8月。

【原产地及分布】

原产马达加斯加，我国各地均有栽培。

【生态习性】

喜光，耐阴；喜温暖湿润环境，不耐寒。

【配置建议】

（1）枝叶茂密，四季常青，株形优美，叶形秀丽。

（2）可配置于花境、花台、建筑物前、入口两侧、山石旁、水岸边等处，也可盆栽用于室内观赏。

【常见病虫害】

（1）病害 叶枯病。

（2）虫害 介壳虫。

164. 棕竹

（筋头竹、观音竹）*Rhapis excelsa* 棕榈科 棕竹属

【识别特征】

（1）常绿灌木，高可达3m。茎圆柱形，上部具黑色粗糙而硬的网状纤维。

（2）叶掌状深裂，裂片3～10片，狭长舌形，先端截形，边缘及中脉具稍褐色短锯齿。

（3）肉穗花序。

（4）果实球形。

（5）花期4～5月，果期10～12月。

【原产地及分布】

原产我国南部至西南部。日本也有分布。

【生态习性】

喜光、喜温暖湿润气候，喜通风良好环境，喜排水良好的富含腐殖质沙壤土；耐半阴，不耐寒。

【配置建议】

（1）株形挺拔，叶形秀丽，四季常青。

（2）可配置于花境、路缘、林缘、林下、角隅、山石旁等处，也可盆栽室内绿化和观赏。

【常见病虫害】

（1）病害　腐芽病、褐斑病和叶枯病。

（2）虫害　介壳虫和叶枯病。

165. 多裂棕竹

（多裂叶棕竹、金山棕）*Rhapis multifida*　　棕榈科　棕竹属

【识别特征】

（1）常绿灌木，高可达3m。

（2）叶掌状深裂，裂片16～20片，线状披针形，每裂片长28～36cm，宽1.5～1.8cm，边缘及中脉具细锯齿。

（3）花序二回分枝。

（4）果球形。

（5）花期春季，果期11月至次年4月。

【原产地及分布】

原产我国广西西部及云南东南部，现广为栽培。

【生态习性】

喜光、耐半阴；喜温暖湿润环境，不耐寒。

【配置建议】

（1）株形挺拔，叶形秀丽，四季常青。

（2）可配置于花境、路缘、林缘、林下、角隅、山石旁等处，也可盆栽室内绿化和观赏。

【常见病虫害】

（1）病害　腐芽病、褐斑病和叶枯病。

（2）虫害　介壳虫。

166. 粉单竹

（粉箪竹、白粉单竹、焕镛簕竹）*Bambusa chungii*

禾本科　簕竹属

【识别特征】

（1）常绿丛生灌木，竿直立，顶端微弯曲，高可达10m。节间长，初期被白粉。无毛。叶披针形至线状披针形。

（2）竿环平坦；箨环稍隆起。箨耳窄带形，边缘生淡色穗毛，后者长而纤细，有光泽；箨舌高约1.5mm，先端截平或隆起，上缘具梳齿状裂刻或具长流苏状毛；箨叶淡黄绿色，强烈外翻，卵状披针形，先端渐尖而边缘内卷。

（3）多枝簇生，粗细近相等，无毛，被蜡粉。

（4）叶片7片；叶鞘无毛；披针形至线状披针形，基部歪斜。

【原产地及分布】

华南特产，分布于湖南南部、福建、广东、广西。

【生态习性】

喜光，耐半阴；喜温暖湿润环境。

【配置建议】

（1）竹丛疏密适中，挺秀优姿，灰白色树干具观赏价值。

（2）可配置于路缘、角隅、水岸边等处。

【常见病虫害】

（1）病害　苗腐病和枯梢病。

（2）虫害　黄脊竹蝗。

167. 黄金间碧竹

（青丝金竹）*Bambusa vulgaris* 'Vittata'

禾本科　簕竹属

【识别特征】

（1）丛生灌木，高可达15m。竿黄色，具宽窄不等的绿色纵条纹。

（2）箨鞘草黄色，具宽窄不等的细条纹。

（3）竹节多分枝。

（4）叶披针形或线状披针形，长9～22cm，两面无毛。

（5）花果期不详。

【原产地及分布】

栽培品种。

【生态习性】

喜光，喜温暖湿润环境。

【配置建议】

（1）株形挺拔，竿黄绿相间独特、美观。

（2）可配置于路缘、角隅、山石旁、建筑物前等处。

【常见病虫害】

未见病虫害。

168. 大佛肚竹

（佛竹、密节竹）*Bambusa vulgaris* ‘Wamin’

禾本科　簕竹属

【识别特征】

（1）常绿丛生竹，高可达10m。竿绿色。节间圆柱形，下部各节间极短缩肿胀。

（2）每节分枝多，主枝较粗长。

（3）箨鞘早落，背面密生脱落性暗棕色刺毛，干时纵肋稍隆起，先端与箨片连接处呈拱形，与箨耳连接处弧形下凹；箨耳甚发达，彼此近等大而近同形，长圆形或肾形，边缘具弯曲细穗毛；箨舌边缘细齿裂，被白色细纤毛；箨片宽三角形至三角形，背面疏生暗棕色小刺毛。

（4）叶片线状披针形，上面无毛，下面密生短柔毛，先端渐尖具钻状尖头，基部近圆形或宽楔形。

（5）假小穗以数枚簇生于花枝各节；小穗稍扁。

【原产地及分布】

原产广东，现我国南方各地以及亚洲的马来西亚和美洲均有引种栽培。

【生态习性】

喜光，耐半阴；喜温暖湿润环境，耐旱。

【配置建议】

（1）株形紧凑，节间膨大，叶形秀丽。

（2）可孤植、丛植或群植配置于路缘、花境、墙垣、山石旁等处，也可盆栽室内观赏。

【常见病虫害】

（1）病害　锈病和黑痣病。

（2）虫害　介壳虫和竹蝗。

小檗科

169. 南天竹

（蓝田竹、南天竺）*Nandina domestica* 小檗科 南天竹属

【识别特征】

（1）常绿小灌木，高3m。茎丛生，少分枝。

（2）三回羽状复叶，互生；二至三回羽片对生；小叶薄革质，椭圆形或椭圆状披针形，长2～10cm，宽0.5～2cm，顶端渐尖，基部楔形，全缘，深绿色，冬季变红色。

（3）圆锥花序直立，花小，白色，具芳香。

（4）浆果球形，熟时鲜红色。

（5）花期5～7月，果期9～10月。

【原产地及分布】

原产我国南方各省，日本也有分布，园林中常见栽培。

【生态习性】

喜半阴，强光下叶色变红，喜温暖湿润气候，生长较慢。

【配置建议】

（1）株形秀丽，冬季叶色变红，花序大型美观，果序大型红艳，为优良的观形、观秋色叶、观花、观果树种。

（2）常配置于庭院、花境、林缘、路缘、山石旁等处，也可盆栽或做树石盆景室内绿化。

【常见病虫害】

（1）病害　炭疽病和红斑病。

（2）虫害　尺蛾和介壳虫。

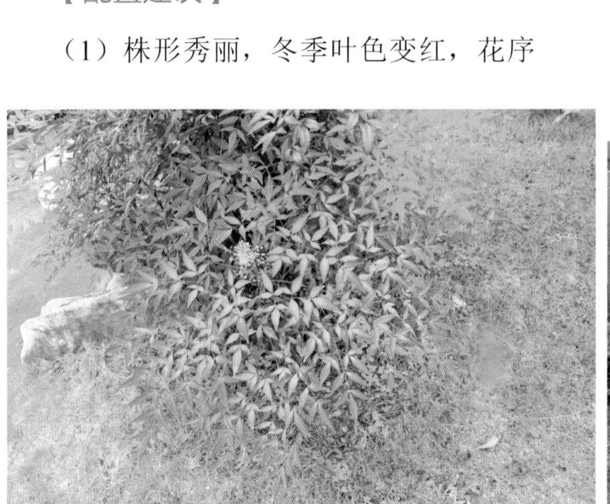

黄杨科

170. 黄杨

（瓜子黄杨）*Buxus sinica*　　黄杨科　黄杨属

【识别特征】

（1）常绿灌木或小乔木，高可达6m。枝有纵棱，灰白色；小枝四棱形，被短柔毛。

（2）单叶对生，革质，阔椭圆形或阔倒卵形，长1.5～3cm，先端钝或微凹，叶面光亮，叶背中脉有白色茸毛。

（3）花簇生于叶腋或枝端。

（4）蒴果近球形。

（5）花期3月，果期5～6月成熟。

【原产地及分布】

原产黄河以南各省区。

【生态习性】

喜半阴，喜温暖湿润环境，喜中性及微酸性土，耐寒。生长缓慢，耐修剪。

【配置建议】

（1）株形紧凑，四季常绿，叶形秀丽。

（2）常丛植用于绿篱、造型树或盆景。

【常见病虫害】

（1）病害　白粉病、白绢病和叶斑病。

（2）虫害　黄杨绢叶螟。

金缕梅科

171. 红花檵木

（红檵木、红花继木）*Loropetalum chinense* var. *rubrum*

金缕梅科　檵木属

【识别特征】

（1）常绿灌木或小乔木，多分枝，小枝被星毛。

（2）单叶互生，革质，卵形，长2～5cm，宽1.5～2.5cm，先端尖锐，基部钝，歪斜，全缘；上面紫红色、红色、红褐色，略有粗毛或秃净，下面被星毛，稍带灰白色；叶柄短，托叶膜质，三角状披针形，早落。

（3）花簇生，红色。

（4）蒴果卵圆形。

（5）花期3～5月，果期8月。

【原产地及分布】

原产我国湖南，南方城市多有栽培。

【生态习性】

喜光，耐半阴；喜温暖湿润环境，喜酸性土壤，适应性较强，耐修剪。

【配置建议】

（1）株形紧凑，花色艳丽，花型奇特。

（2）常与黄金榕搭配用于模纹花坛造景，也可于花境、花带、路缘、林缘、角隅、山石旁等处配置，也可用于造型树、盆景和绿篱。

【常见病虫害】

（1）病害　炭疽病、立枯病和花叶病。

（2）虫害　星天牛、白蛾蜡蝉、蚜虫和尺蛾等。

广州发展公园

172. 珍珠相思树

（银叶金合欢、珍珠金合欢）*Acacia podalyriifolia*

豆科　相思树属

【识别特征】

（1）常绿灌木或小乔木，高可达5m。枝叶银灰色。

（2）叶状柄银白色，互生，宽卵形或椭圆形；长2～3cm，宽1.5cm，先端具尾状钩，基部圆形。

（3）总状花序，黄色。

（4）荚果扁平，边缘波浪形。

（5）花期春、夏季。

【原产地及分布】

原产澳大利亚，我国南方引种栽培。

【生态习性】

喜光，喜温暖湿润环境。

【配置建议】

（1）株形挺拔，叶色银灰，叶形秀丽；花色金黄。

（2）常孤植、对植、列植或丛植于花坛、花境、路缘、林缘、建筑物前、墙垣、角隅、水岸边等处配置，也可用于花艺设计。

【常见病虫害】

（1）病害　疫病和茎腐病。

（2）虫害　夜蛾。

173. 嘉氏羊蹄甲

（橙花羊蹄甲、南非羊蹄甲）*Bauhinia galpinii*

豆科　羊蹄甲属

【识别特征】

（1）攀援状灌木。

（2）单叶互生，硬纸质，近圆形，先端2裂达叶长的1/5～1/2，裂片顶端钝圆，基部截平至浅心形。

（3）聚伞花序，橙红色，花瓣倒匙形。

（4）荚果长圆形。

（5）花期4～11月，果期7～12月。

【原产地及分布】

原产于南非。

【生态习性】

喜光，喜温暖湿润环境。

【配置建议】

（1）株形披散，覆盖效果好；叶形可爱，花色艳丽，花形独特，花期长。

（2）可丛植于花境、路缘、水岸边、山石旁等处配置，也可盆栽用于室内观赏。

【常见病虫害】

（1）病害　未见。

（2）虫害　天牛。

174. 洋金凤

（金凤花）*Caesalpinia pulcherrima*　　豆科　小凤花属

【识别特征】

（1）大灌木或小乔木；枝光滑，绿色或粉绿色，散生疏刺。

（2）二回羽状复叶，羽片4～8对，对生；小叶7～11对，长圆形或倒卵形，长1～2cm，宽4～8mm，顶端凹缺，有时具短尖头，基部偏斜；小叶柄短。

（3）总状花序顶生或腋生，花瓣橙红色或黄色，边缘皱波状，花丝红色，远伸出于花瓣外。

（4）荚果狭而薄，倒披针状长圆形。

（5）花果期几乎全年。

【原产地及分布】

原产西印度群岛。我国云南、广西、广东和台湾均有栽培。

【生态习性】

喜光，喜高温湿润环境，喜微酸性土壤，不耐旱，不耐寒，不抗风。

【配置建议】

（1）株形开展，叶形秀丽，花色金黄，花形奇特。

（2）可用于花境、路缘、山石旁、道路分隔带、墙垣等处配置，也可盆栽用于室内绿化或观赏。

【常见病虫害】

（1）病害　炭疽病。

（2）虫害　线虫。

175. 朱缨花

（美蕊花、美国合欢）*Calliandra haematocephala*

豆科　朱缨花属

【识别特征】

（1）常绿灌木或小乔木，高1～3m。

（2）二回偶数羽状复叶，羽片1对，小叶7～9对；小叶斜披针形，长2～4cm，宽7～15mm，中上部的小叶较大，下部的较小，先端钝而具小尖头，基部偏斜，边缘被疏柔毛；中脉略偏上缘；小叶柄极短。托叶卵状披针形，宿存。

（3）头状花序腋生，花丝离生，长约2cm，深红色。

（4）荚果线状倒披针形。

（5）花期8～9月；果期10～11月。

【原产地及分布】

原产南美。台湾、福建、广东有栽培。

【生态习性】

喜光，耐半阴；喜温暖湿润环境，对土壤要求不严，较耐旱，忌积水。耐修剪。

【配置建议】

（1）株形紧凑饱满，叶形秀丽，新叶红色；花形可爱，花色红艳。

（2）常用于花坛、花境、路缘、林缘、建筑物前等处配置，也可修剪作造型树、花篱，或盆栽用于室内观赏。

【常见病虫害】

（1）病害　溃疡病。

（2）虫害　天牛和木虱。

176. 苏里南朱缨花

（小朱缨花）*Calliandra surinamensis*

豆科　朱缨花属

【识别特征】

（1）灌木或小乔木，高可达3m。枝条开展。

（2）二回羽状复叶，羽片1对，小叶8～12对，线状披针形，先端锐尖，基部钝略歪斜。

（3）头状花序腋生，花冠漏斗形，5裂，雄蕊多数，下部白色，上部粉红色，

雄蕊伸出花冠外雄蕊管，白色。

（4）荚果线形。

（5）花期由春至秋，果期秋至冬。

【原产地及分布】

原产巴西及苏里南岛。

【生态习性】

喜光，耐半阴；喜温暖湿润环境。

【配置建议】

（1）株形挺拔开展，叶形秀丽，花色淡雅。

（2）可用于花境、路缘、墙垣、水岸边等处配置。

【常见病虫害】

（1）病害　溃疡病。

（2）虫害　天牛和木虱。

177. 红粉扑花

（小朱缨花）*Calliandra tergemina* var. *emarginata*

豆科　朱缨花属

【识别特征】

（1）落叶灌木。分枝较多。

（2）二回偶数羽状复叶，羽片一对；小叶一对半，歪椭圆形至肾形，顶端小叶大型。

（3）头状花序腋生，花瓣小不显著，雄蕊多数，红色，聚合成球状，雄蕊管白色。

（4）荚果。

（5）几乎全年开花。

【原产地及分布】

原产墨西哥至危地马拉地区。华南地区有栽培。

【生态习性】

喜光，耐半阴；喜温暖湿润环境。

【配置建议】

（1）株形开展，花形可爱，花色艳丽。

（2）可于花坛、花境、路缘、林缘等处配置。

【常见病虫害】

（1）病害　炭疽病。

（2）虫害　蓟马。

178. 美丽胡枝子

（毛胡枝子）*Lespedeza thunbergii* subsp. *Formosa*

豆科　胡枝子属

【识别特征】

（1）落叶灌木，高1～3m，多分枝，枝伸展，被疏柔毛。

（2）羽状复叶3小叶，小叶椭圆形、长圆状椭圆形或卵形，长2.5～6cm，宽1～3cm，上面绿色，稍被短柔毛，下面淡绿色，贴生短柔毛；叶柄长1～5cm，被短柔毛；托叶披针形至线状披针形。

（3）总状花序腋生，比叶长；花萼钟状，花冠红紫色。

（4）荚果倒卵形或倒卵状长圆形。

（5）花期7～9月，果期9～10月。

【原产地及分布】

原产秦岭以南各省区。朝鲜、日本、印度也有分布。

【生态习性】

喜光，喜温暖湿润环境，较耐旱。耐修剪。

【配置建议】

（1）株形开展，覆盖性好；叶形秀丽，花形奇特，花色古雅。

（2）可用于花坛、花境、路缘、林缘、角隅、山石旁等处配置，也可用作绿篱。

【常见病虫害】

（1）病害　锈病和根腐病。

（2）虫害　蚜虫和食心虫。

179. 含羞草

（知羞草、怕丑草）*Mimosa pudica*　　豆科　含羞草属

【识别特征】

（1）披散、亚灌木状草本，高可达1m。茎圆柱状，有散生、下弯的钩刺及倒生刺毛。

（2）二回偶数羽状复叶，羽片和小叶触之即闭合而下垂；羽片通常2对，小叶10～20对，线状长圆形，先端急尖，边缘具刚毛。

（3）头状花序圆球形，花小，淡红色，多数，花冠钟状，雄蕊伸出花冠之外。

（4）荚果长圆形，扁平，荚缘波状，具刺毛。

（5）花期3～10月，果期5～11月。

【原产地及分布】

分布于台湾、福建、广东、广西、云南等地。原产热带美洲，现广布于世界热带地区。

【生态习性】

喜光，耐半阴；喜温暖湿润环境，较耐旱。

【配置建议】

（1）株形小巧，叶形秀丽，花形可爱，花色淡雅。

（2）可丛植用于路缘、林缘等处作地被植物配置，也可盆栽用于室内观赏。

【常见病虫害】

（1）病害　叶斑病。

（2）虫害　红蜘蛛。

180. 翅荚决明

（翅荚槐、翅果决明）*Senna alata* 豆科 决明属

【识别特征】

（1）落叶灌木，高可达3m。

（2）偶数羽状复叶，叶柄和叶轴有狭翅；小叶6～12对，倒卵状长圆形或长圆形，薄革质，长8～15cm，宽3.5～7.5cm，顶端圆钝而有小短尖头，基部斜截形。

（3）总状花序顶生和腋生，黄色。

（4）荚果，四棱翅状。

（5）花期11～1月；果期12～2月。

【原产地及分布】

原产美洲热带地区。我国华南地区广泛栽培。

【生态习性】

喜光，耐半阴；喜高温湿润环境，耐旱。

【配置建议】

（1）株形开展，覆盖效果好；叶形秀丽，花色金黄，花序奇特。

（2）可于花坛、花境、路缘、林缘、角隅、道路分隔带、山石旁等处配置。

【常见病虫害】

（1）病害　煤烟病。

（2）虫害　介壳虫。

181. 双荚决明

（双荚槐、美国槐、金边黄槐）*Senna bicapsularis*

豆科　决明属

【识别特征】

（1）半落叶灌木。多分枝，黑紫色，茎中空。

（2）偶数羽状复叶，小叶3～4对；小叶倒卵形或倒卵状长圆形，顶端圆钝，基部渐狭，偏斜，常有黄色边缘；在最下方的一对小叶间有黑褐色线形而钝头的腺体1枚。

（3）伞房花序，鲜黄色，其中2雄蕊长而弯曲。

（4）荚果圆柱状。

（5）全年均可开花，盛花期10～11月，果期11月至次年3月。

【原产地及分布】

原产美洲热带地区。广东、广西等省区有栽培。

【生态习性】

喜光，耐半阴；喜高温湿润环境，喜肥沃的沙质壤土；不耐旱，不耐寒。

【配置建议】

（1）株形开展，覆盖效果好；叶形秀丽，花色金黄。

（2）可于花坛、花境、路缘、林缘、角隅、山石旁、公路边等处配置，也可用作绿篱。

【常见病虫害】

（1）病害　煤烟病。

（2）虫害　介壳虫。

蔷薇科

182. 红叶石楠

（费氏石楠）*Photinia×fraseri*　　蔷薇科　石楠属

【识别特征】

（1）常绿灌木或小乔木，高可达12m。

（2）叶革质，长椭圆至侧卵状椭圆形，先端尖，基部楔形，边缘具细锯齿；新叶亮红色，老叶绿色。

（3）复伞房花序，花白色。

（4）浆果红色。

（5）花期夏季。

【原产地及分布】

杂交种。华东、西南地区栽培多。

【生态习性】

喜光，喜温暖湿润环境，耐旱。

【配置建议】

（1）株形开展，花形优美，花色艳丽。

（2）可孤植、对植、列植、丛植或群植于花坛、花境、路缘、林缘、道路分隔带、入口两侧等处配置，也可盆栽用于室内观赏。

【常见病虫害】

（1）病害　立枯病、猝倒病、叶斑病和灰霉病。

（2）虫害　介壳虫。

183. 紫叶李

（红叶李）*Prunus cerasifera* 'Pissardii'　　蔷薇科　李属

【识别特征】

（1）落叶小乔木或灌木，高达8m。小枝红褐色，光滑。

（2）单叶互生，椭圆形、卵形或倒卵形，先端突渐尖或急尖，基部楔形或近圆形，边缘具圆钝锯齿，深红色或紫红色。

（3）花单生，先叶开放，花瓣白色微带粉红。

（4）核果近球形，暗红色。

（5）花期4月，果期8月。

【原产地及分布】

原产我国新疆，现全国各地有栽培。

【生态习性】

喜光，喜温暖湿润环境。

【配置建议】

（1）树形优美，全株紫红色，是优美的常色叶树种。

（2）常孤植或丛植用于草坪、路缘、水岸边、林缘、建筑物前等处观赏。

【常见病虫害】

（1）病害　流胶病。

（2）虫害　红蜘蛛和刺蛾。

184. 石斑木

（春花、车轮梅）*Rhaphiolepis indica*　　蔷薇科　石斑木属

【识别特征】

（1）常绿灌木或小乔木，高可达4m。

（2）叶片集生于枝顶，卵形、长圆形，稀倒卵形或长圆披针形，长2～8cm，宽1.5～4cm，先端圆钝，急尖、渐尖或长尾尖，基部渐狭连于叶柄，边缘具细钝锯齿，上面光亮，网脉不显明，下面色淡，网脉明显；托叶钻形脱落。

（3）圆锥花序或总状花序顶生，花瓣5，白色或淡红色。

（4）果实球形，紫黑色。

（5）花期4月，果期7～8月。

【原产地及分布】

原产我国华东、华南和西南地区。中南半岛其他各国也有分布。为我国亚热带地区的乡土树种。

【生态习性】

喜光，喜温暖湿润环境，耐旱。

【配置建议】

（1）株形开展，叶形秀丽，花序大，花色淡雅。

（2）可孤植、对植、列植或丛植于花坛、花境、路缘、入口两侧、山石旁、水岸边等处配置。

【常见病虫害】

（1）病害　未见。

（2）虫害　蚜虫。

185. 现代月季 （当代月季、近代月季）*Rosa hybrida* 蔷薇科 蔷薇属

【识别特征】

（1）常绿或半常绿灌木，高可达2m。枝上有稀疏皮刺。

（2）奇数羽状复叶，小叶3～7枚，卵状椭圆形。

（3）花常数朵簇生，微香，单瓣或重瓣，花色多，有红、黄、白、粉、紫及复色等。

（4）瘦果。

（5）花期几乎全年。

【原产地及分布】

杂交种。

【生态习性】

喜光，喜温暖湿润环境，耐寒，耐旱。

【配置建议】

（1）花色丰富，花形大小多样。常被用作情人节玫瑰的代替品。

（2）是世界五大鲜切花之一，常用于花艺设计。园林中常丛植或群植于花坛、花境、路缘、建筑物前、入口两侧等处的配置，或用于月季玫瑰专类园，也可盆栽用于室内绿化和观赏。

【常见病虫害】

（1）病害 粉实病和灰霉病。

（2）虫害 蚜虫、蓟马和红蜘蛛。

186. 黄金榕

（金叶榕）*Ficus microcarpa* 'Golden Leaves'　　桑科　榕属

【识别特征】

（1）常绿小乔木，多作灌木栽培。

（2）单叶互生，叶形为椭圆形或倒卵形，叶表光滑，叶缘整齐，叶有光泽，嫩叶或向阳叶金黄色，老叶则为深绿色。

（3）隐头花序。

（4）榕果。

（5）花果期5～6月。

【原产地及分布】

品种，南方广泛栽培。

【生态习性】

喜光，耐半阴；喜温暖湿润环境，较耐旱。

【配置建议】

（1）株形紧凑密集，覆盖性好，新叶金黄。

（2）常与红花檵木搭配用于模纹花坛造景，或修剪为造型树丛植观赏，也可于花坛、花境、花带、路缘、林缘、角隅、山石旁等处配置。

【常见病虫害】

（1）病害　锈病、黑斑病和白粉病。

（2）虫害　灰白蚕蛾和榕透刺毒蛾。

杨梅科

187. 杨梅

Morella rubra　杨梅科　杨梅属

【识别特征】

（1）常绿小乔木或灌木，高可达15m。

（2）单叶互生，常集生于枝顶，倒卵状披针形，常4～12cm，先端钝，基部楔形，全缘或近顶端有浅锯齿。

（3）雌雄异株，花红色。

（4）核果，球形，深红色，外果皮薄而肉质多汁，可食用。

（5）花期3～4月，果期5～7月。

【原产地及分布】

原产我国长江以南地区，越南、日本、朝鲜及菲律宾有分布。

【生态习性】

喜光，稍耐阴，喜温暖湿润气候，喜排水良好的土壤；不耐寒，不耐烈日照射，深根性，萌芽力强，耐瘠薄土壤。

【配置建议】

（1）树形紧凑，枝叶茂盛，果实红艳可食用，是著名水果。

（2）可用作园景树，也可用于荒山绿化造林。

【常见病虫害】

（1）病害　褐斑病。

（2）虫害　白蚁、介壳虫和粉虱等。

大戟科

188. 红桑

（三色铁苋菜、红叶铁苋）*Acalypha wilkesiana*　大戟科　铁苋菜属

【识别特征】

（1）常绿灌木，高可达4m；分枝茂密，嫩枝被短毛。

（2）单叶互生，纸质，阔卵形，红色、绛红色或红色带紫斑，长10～18cm，宽6～12cm，顶端渐尖，基部圆钝，边缘具粗圆锯齿，下面沿叶脉具疏毛；基出脉3～5条；叶柄长2～3cm，具疏毛；托叶狭三角形。

（3）雌雄同株异序，穗状花序腋生，红色。

（4）蒴果。

（5）春夏两季开花。

【原产地及分布】

原产东南亚。我国台湾、福建、广东、海南、广西和云南等地有栽培。

【生态习性】

喜光，耐半阴；喜温暖湿润环境，耐旱，忌水湿，生长快。

【配置建议】

（1）株形开展，枝叶茂密，覆盖性好，叶色红艳。

（2）可丛植于花坛、花境、路缘、林缘、林下等处配置，也可盆栽用于室内观赏。

【常见病虫害】

（1）病害　未见。

（2）虫害　蚜虫。

189. 变叶木

（洒金榕）*Codiaeum variegatum*

【识别特征】

（1）常绿灌木或小乔木，高可达2m。枝条无毛，有明显叶痕。

（2）单叶互生，薄革质，形状大小变异很大，线形、线状披针形、长圆形、椭圆形、披针形、卵形、匙形、提琴形至倒卵形，有时由长的中脉把叶片间断成上下两片；顶端短尖、渐尖至圆钝，基部楔形、短尖至钝；边全缘、浅裂至深裂；两面无毛，绿色、淡绿色、紫红色、紫红与黄色相间、黄色与绿色相间或有时在绿色叶片上散生黄色或金黄色斑点或斑纹。

（3）总状花序腋生，白色或淡黄色。

（4）蒴果近球形，稍扁。

（5）花期9～10月。

【原产地及分布】

原产亚洲马来半岛至大洋洲；现广泛栽培于热带地区。我国南部各省区常见栽培。

【生态习性】

喜光，喜温暖湿润环境，耐旱。

【配置建议】

（1）株形开展，叶色丰富，叶形变化大，是优良的观叶树种。

（2）可于花坛、花境、花钵、路缘、林缘、山石旁等处配置，也可盆栽用于室内绿化和居家观赏。

【常见病虫害】

（1）病害　黑霉病。

（2）虫害　红蜘蛛、介壳虫和蚜虫。

190. 火殃勒

（金刚纂、三角霸王鞭）*Euphorbia antiquorum*　大戟科　大戟属

【识别特征】

（1）常绿灌木，高可达5m；茎肉质，绿色，常三棱状，偶有四棱状并存，边缘具明显的三角状齿；乳汁丰富。

（2）叶常互生于嫩枝顶部的齿尖，倒卵形或倒卵状长圆形，长2～5cm，顶端圆，基部渐狭，全缘，托叶刺状。

（3）花腋生，黄绿色。

（4）蒴果。

（5）花果期全年。

【原产地及分布】

原产印度。中国南北方均有栽培。

【生态习性】

喜光，喜温暖干燥气候，对土壤要求不严；耐旱，不耐寒。

【配置建议】

（1）树形挺拔刚直，绿色茎独特，花形可爱。

（2）可用于旱生或岩生花境、也可作刺篱。在儿童活动的区域尽量不配置，以免儿童受伤。

【常见病虫害】

（1）病害　茎腐病。

（2）虫害　介壳虫。

191. 紫锦木

（肖黄栌、俏黄栌）*Euphorbia cotinifolia* 大戟科 大戟属

【识别特征】

（1）常绿乔木，常作灌木栽培。

（2）单叶，3枚轮生，圆卵形，长2～6cm，宽2～4cm，先端钝圆，基部近平截，全缘，两面红色；叶柄长，略带红色。

（3）杯状聚伞花序顶生或腋生，黄白色。

（4）蒴果三棱状卵形。

（5）花期几乎全年。

【原产地及分布】

原产热带美洲。我国南方引种栽培。

【生态习性】

喜光，喜温暖湿润环境，较耐旱。

【配置建议】

（1）株形开展，叶色常年红艳，叶形圆润可爱。

（2）可孤植、对植、丛植或列植于花坛、花境、路缘、林下、山石旁、入口两侧等处配置。

【常见病虫害】

（1）病害 萎蔫病和白粉病。

（2）虫害 介壳虫和蚜虫。

192. 铁海棠

（虎刺梅、麒麟花）*Euphorbia milii*　　大戟科　大戟属

【识别特征】

（1）半蔓性灌木，高可达1m，有乳汁；茎有棱，具棘刺。

（2）单叶互生，常只生于嫩枝上，老枝无叶，倒卵形或倒卵状长圆形，长3～5cm。

（3）杯状聚伞花序；瓣状总苞鲜红色。

（4）蒴果扁球形。

（5）花期夏至秋季。

【原产地及分布】

原产非洲。我国南北方均有栽培。

【生态习性】

喜光，喜温暖气候，耐旱，忌积水。

【配置建议】

（1）形态奇特，花色艳丽。

（2）可于花坛、花境、山石旁等处配置。

【常见病虫害】

（1）病害　根腐病和茎腐病。

（2）虫害　粉虱和介壳虫。

193. 一品红

（圣诞红、老来娇、象牙红）*Euphorbia pulcherrima*

大戟科　大戟属

【识别特征】

（1）直立灌木，高1～3 m。

（2）单叶互生，卵状椭圆形、长椭圆形或披针形，长6～25cm，宽4～10cm，先端渐尖或急尖，基部楔形或渐狭，绿色，全缘或浅裂或波状浅裂，叶面被短柔毛或无毛，叶背被柔毛。苞片5～7枚，狭椭圆形，全缘，极少边缘浅波状分裂，朱红色。

（3）聚伞花序顶生，淡绿色。

（4）蒴果，三棱状圆形。

（5）花期10月至次年3月。

【原产地及分布】

原产中美洲。广泛栽培于热带和亚热带。我国各地均有栽培。

【生态习性】

喜光，耐半阴；喜温暖湿润环境，不耐旱。

【配置建议】

（1）株形挺拔，叶形秀丽，红色苞片大而红艳。

（2）可孤植、对植、列植或丛植于花坛、花境、入口两侧、建筑物前、路缘等处配置，也可盆栽用于居家室内、公共室内环境摆设。

【常见病虫害】

（1）病害　灰霉病、叶斑病和根腐病。

（2）虫害　粉虱和蓟马等。

194. 红背桂

（红背桂花、紫背桂）*Excoecaria cochinchinensi*

大戟科　海漆属

【识别特征】

（1）常绿灌木，高达1m。有乳汁。

（2）单叶对生，稀有互生或近3片轮生，纸质，叶片狭椭圆形或长圆形，长6～14cm，宽1.2～4cm，顶端长渐尖，基部渐狭，边缘有疏细齿，上面绿色，下面紫红或血红色；托叶卵形，顶端尖。

（3）雌雄异株，总状花序。

（4）蒴果球形。

（5）花期几乎全年。

【原产地及分布】

原产越南。我国台湾、广东、广西、云南等地普遍栽培。

【生态习性】

喜光，耐半阴，喜温暖湿润环境。不耐寒，耐干旱和瘠薄土壤，耐修剪。

【配置建议】

（1）株形开展，覆盖性强；叶色上下面不同色，尤以下面的红色更具观赏性。

（2）常用用于林下、路缘、花境等处配置，也可用作绿篱。园林中出现了其花叶品种。

【常见病虫害】

（1）病害　炭疽病和叶枯病。

（2）虫害　根结线虫。

195. 琴叶珊瑚

（日日樱、琴叶樱）*Jatropha integerrima*

大戟科　麻风树属

【识别特征】

（1）常绿灌木，高1～3m，具乳汁。

（2）单叶互生，长椭圆形、长圆形至提琴形，顶端急尖或渐尖，基部钝圆，近基部叶缘常具数枚疏生尖齿，幼叶下面紫红色。

（3）聚伞花序，花冠红色或粉色。

（4）蒴果。

（5）花果期几乎全年。

【原产地及分布】

原产古巴及伊斯帕尼奥拉岛。

【生态习性】

喜光，耐半阴；喜温暖湿润环境。

【配置建议】

（1）株形开展，花序红艳，花形典雅，果实可爱。

（2）可于花坛、花境、路缘、林缘、建筑物前、入口两侧、山石旁、水岸边等处配置。

【常见病虫害】

（1）病害　炭疽病。

（2）虫害　介壳虫。

196. 佛肚树

Jatropha podagrica　　大戟科　麻风树属

【识别特征】

（1）直立灌木，高可达1.5m，茎基部或下部通常膨大呈瓶状；枝条粗短，肉质，具散生突起皮孔，叶痕大且明显。

（2）叶盾状着生，近圆形至阔椭圆形，长8～18cm，宽6～16cm，顶端圆钝，基部截形或钝圆，全缘或2～6浅裂，上面亮绿色，下面灰绿色，两面无毛；掌状脉；叶柄长8～16cm；托叶分裂呈刺状，宿存。

（3）花序顶生，红色。

（4）蒴果。

（5）花期几乎全年。

【原产地及分布】

原产中美洲或南美洲热带地区，我国各地有栽培。

【生态习性】

喜光，喜温暖干燥环境。

【配置建议】

（1）株形开展，形态奇特，花色红艳。

（2）可于花境、路缘等处配置，也可盆栽室内观赏。

【常见病虫害】

（1）病害　溃疡病。

（2）虫害　吹绵介。

197. 花叶木薯

（斑叶木薯、花叶树葛）*Manihot esculenta* 'Variegata'

大戟科　木薯属

【识别特征】

（1）灌木，高1.5m。

（2）单叶互生，掌状3～7深裂，裂片披针形，全缘，裂片中央有不规则的黄色斑块，叶柄红色。

（3）圆锥花序顶生或腋生。

（4）蒴果椭圆形。

（5）花期秋季。

【原产地及分布】

原产美洲热带地区。我国华南、西南地区有栽培。

【生态习性】

喜光，喜温暖湿润环境，不耐寒，耐半阴。生长迅速，萌发力强。

【配置建议】

（1）叶片掌状深裂，叶色绿黄相间，叶柄红色，为优良的观叶植物。

（2）可丛植或群植于墙垣、池畔、山石旁等处，也可用于酒店、商场等大型公共空间中的大型盆栽摆设，或用于室内阳台、窗台、客厅等处盆栽观赏。

【常见病虫害】

（1）病害　褐斑病和炭疽病。

（2）虫害　粉虱和介壳虫。

198. 雪花木

（彩叶山漆茎、白雪树）*Breynia nivosa*　叶下珠科　黑面神属

【识别特征】

（1）常绿小灌木，高可达1.2m。

（2）单叶互生，圆形或阔卵形，全缘，叶端钝，表面光滑，上有白色斑纹，新叶纯白色。

（3）花小，橙、红、黄、白等色。

（4）果未见。

（5）花期夏秋季。

【原产地及分布】

原产玻利维亚。我国南方引种栽培。

【生态习性】

喜光，耐半阴；喜温暖湿润环境，较耐旱。

【配置建议】

（1）株形小巧紧凑，叶形美丽，新叶洁白美观，老叶斑驳可爱。

（2）可于花坛、花境、路缘、山石旁、林下等处配置，也可盆栽用于室内观赏。

【常见病虫害】

未见病虫害。

金虎尾科

199. 金英

（黄花金虎尾）*Galphimia gracilis* 金虎尾科 金英属

【识别特征】

（1）常绿灌木，高1～2m。枝条红褐色。

（2）单叶对生，纸质，长圆形或椭圆状长圆形，长1.5～5cm，宽8～20mm，先端纯或圆形，具短尖，基部楔形，有2枚腺体；叶柄长约1cm；托叶针状。

（3）总状花序顶生，花序轴被红褐色柔毛，花黄色。

（4）蒴果球形。

（5）花期8～9月，果期10～11月。

【原产地及分布】

原产美洲热带，现广泛栽培于其他热带地区。

【生态习性】

喜光，喜温暖湿润环境，耐旱。

【配置建议】

（1）株形开展，覆盖性好，花序金黄。

（2）可孤植、丛植于花坛、花境、路缘、墙垣等处配置。

【常见病虫害】

未见病虫害。

金丝桃科

200. 金丝桃

（金丝海棠、土连翘）*Hypericum monogynum*

金丝桃科　金丝桃属

【识别特征】

（1）半常绿灌木，高0.5～1.3m。小枝圆柱形，红褐色。

（2）单叶对生，硬纸质，长椭圆形，长2～11cm，先端锐尖至圆形，基部楔形至圆形或上部者有时截形至心形，全缘，叶柄短，叶片腺体小而点状。

（3）顶生圆锥花序，花金黄色至柠檬黄色，花瓣5，花丝与花瓣近等长。

（4）蒴果。

（5）花期5～9月，果期8～9月。

【原产地及分布】

原产秦岭以南各地区。

【生态习性】

喜光，喜温暖湿润环境，较耐寒。

【配置建议】

（1）树形优美，叶形可爱，花色艳丽，花期长。

（2）可于花坛、花境、路缘、墙垣等处配置，也可盆栽用于室内观赏。

【常见病虫害】

（1）病害　褐斑病。

（2）虫害　介壳虫。

千屈菜科

201. 细叶萼距花

（紫花满天星）*Cuphea hyssopifolia*

千屈菜科　萼距花属

【识别特征】

（1）常绿小灌木，株高可达50cm。

（2）叶小，对生或近对生，纸质，狭长圆形至披针形，顶端稍钝或略尖，全缘。

（3）花腋生，紫色或紫红色，花瓣6片。

（4）蒴果近长圆形，较少结果。

（5）花期全年。

【原产地及分布】

原产墨西哥，现热带地区广泛种植。

【生态习性】

喜光，喜温暖湿润环境。耐修剪。

【配置建议】

（1）株形低矮，覆盖性强，紫色小花零星点缀，是理想的缀花地被植物。

（2）常于路缘、花坛、花境、林缘处、山石旁配置，也可作造型树或盆栽室内观赏。

【常见病虫害】

未见病虫害。

202. 石榴

（安石榴）*Punica granatum* 千屈菜科 石榴属

【识别特征】

（1）落叶灌木或小乔木，高3～5m。

（2）叶对生，纸质，矩圆状披针形，长2～9cm，顶端短尖、钝尖或微凹，基部短尖至稍钝形，表面光亮，叶柄短。

（3）花1～5朵生枝顶；红色或淡黄色，裂片略外展。

（4）浆果近球形，淡黄褐色或淡黄绿色，有时白色，稀暗紫色。种子多数，钝角形，红色至乳白色，肉质的外种皮供食用。

（5）花期5～7月，果期9～10月。

【原产地及分布】

原产巴尔干半岛至伊朗及其邻近地区，全世界的温带和热带地区都有种植。

【生态习性】

喜光，喜温暖湿润环境，稍耐寒，耐旱。

【配置建议】

（1）株形开展，叶色翠绿，花大而鲜艳，果实红艳可食。

（2）在中国传统文化中，石榴象征着多子多孙、子孙满堂，我国庭院园林中经常会有石榴配置。可于花坛、花境、入口、路缘、林缘、墙垣等处配置，也可盆栽观赏或用于制作盆景。

【常见病虫害】

（1）病害　白腐病、黑痘病和炭疽病。

（2）虫害　刺蛾、蚜虫、蟀象、介壳虫和斜纹夜蛾等。

203. 虾子花

（虾仔花、吴福花）*Woodfordia fruticosa*

千屈菜科　虾子花属

【识别特征】

（1）常绿灌木，高3～5m，分枝长而披散。

（2）单叶对生，近革质，披针形或卵状披针形，长3～14cm，宽1～4cm，顶端渐尖，基部圆形或心形，上面常无毛，下面被灰白色短柔毛，且具黑色腺点，有时全部无毛；无柄或近无柄。

（3）聚伞状圆锥花序，萼筒花瓶状，鲜红色；花瓣小而薄，淡黄色，线状披针形。

（4）蒴果。

（5）花期春季，果期秋季。

【原产地及分布】

原产广东、广西及云南。越南、缅甸、印度、斯里兰卡、印度尼西亚及马达加斯加也有分布。

【生态习性】

喜光，喜温暖湿润环境，耐旱。

【配置建议】

（1）株形披散，枝条长，花量大，花色艳丽，花形独特。

（2）可孤植或丛植于水岸边、路缘、花境、山石旁等处配置。

【常见病虫害】

未见病虫害。

204. 美丽红千层

（美花红千层）*Callistemon speciosus*

桃金娘科　红千层属

【识别特征】

（1）常绿灌木，高可达8m。树皮灰色或褐色，枝条直立或斜伸。

（2）单叶互生，卵状披针形，先端尖或钝，叶上密布腺点，叶柄短。

（3）穗状花序，直立或斜弯，鲜红色。

（4）蒴果。

（5）一年多次开花。

【原产地及分布】

原产澳大利亚。我国南方引种栽培。

【生态习性】

喜光，耐半阴；喜温暖湿润环境。

【配置建议】

（1）四季常青，株形紧凑美观，花色艳丽，花序形态独特，花期长。

（2）可于花坛、花境、路缘、林缘、道路分隔带、水岸边建筑物前配置作园景树，也可作绿篱或者造型树。

【常见病虫害】

（1）病害　灰霉病、叶斑病和立枯病。

（2）虫害　卷叶螟和蚜虫。

205. 红果仔

（番樱桃）*Eugenia uniflora*　桃金娘科　番樱桃属

【识别特征】

（1）灌木或小乔木，高可达5m。

（2）单叶对生，卵形至卵状披针形，长3.2～4.2cm，宽2.3～3cm，先端渐尖或短尖，钝头，基部圆形或微心形；绿色发亮，纸质，有腺点，具边缘，叶柄极短。

（3）花单生或数朵聚生于叶腋，白色，稍芳香。

（4）浆果球形，8棱，熟时深红色。

（5）花期2～3月，果期4～5月。

【原产地及分布】

原产巴西。在我国南方有栽培。

【生态习性】

喜光，喜温暖湿润环境，耐旱。萌芽力强。

【配置建议】

（1）株形开展，树干光滑斑驳；叶形可爱，花色洁白雅致，果实红艳；新叶红色，为春色叶类树。

（2）常于花境、水岸边、路缘、墙垣、角隅、山石旁等处配置，也可制作盆景或盆栽室内观赏或绿化。

【常见病虫害】

（1）病害　炭疽病和煤烟病。

（2）虫害　蚜虫和介壳虫。

206. 松红梅

（澳洲茶）*Leptospermum scoparium*

【识别特征】

（1）常绿灌木，高可达2m。

（2）单叶互生，线形或线状披针形。

（3）花有单瓣及重瓣之分，红、桃红、粉红或深红色，花心多为深褐色。

（4）蒴果。

（5）花期2～9月。

【原产地及分布】

原产澳大利亚及新西兰。我国南方城市广泛栽培。

【生态习性】

喜光，喜温暖湿润环境。

【配置建议】

（1）株形小巧开展，花色典雅，花形美丽。

（2）可孤植、丛植于花坛、花境、花钵、路缘、山石旁等处配置，也可盆栽用于室内观赏，或用于花艺设计。

【常见病虫害】

病虫害较少。

207. 黄金香柳

（千层金）*Melaleuca bracteata* ‘Revolution Gold’

桃金娘科　白千层属

【识别特征】

（1）常绿灌木。

（2）单叶互生，革质，披针形至线形，具油腺点，金黄色。

（3）穗状花序，花瓣绿白色。

（4）蒴果。

（5）花期春季。

【原产地及分布】

原产澳大利亚。我国南方引种栽培。

【生态习性】

喜光，喜温暖湿润环境，耐修剪，不耐寒。

【配置建议】

（1）株形紧凑，叶色金黄。

（2）可配置于花坛、花境、路缘、林缘、水岸边、建筑物前、入口两侧等处作园景树，或列植作为道路分隔带树种，整形为圆球形作造型树，枝条可用于花艺设计。

【常见病虫害】

（1）病害　柳锈病和干腐病等。

（2）虫害　卷叶螟和蚜虫。

208. 桃金娘

（稔子、山稔）*Rhodomyrtus tomentosa*　　桃金娘科　桃金娘属

【识别特征】

（1）常绿灌木，高可达2m。

（2）单叶对生，革质，椭圆形或倒卵形，长3～8cm，顶端圆钝，叶背有灰白色茸毛，基出三脉，叶柄短。

（3）花单生叶腋，萼片5，宿存；花瓣淡紫红色后变为粉红色至白色。

（4）浆果卵状壶形，成熟时紫黑色，可食用。

（5）花期夏初。

【原产地及分布】

原产我国长江以南地区，日本也有分布。

【生态习性】

喜光，喜温暖至高温湿润气候，耐旱，耐瘠薄，对土壤要求不严，需为酸性土壤。

【配置建议】

（1）株形紧凑，四季常绿，花期长，花色变化丰富，浆果由红变紫黑，且可食用。

（2）可用于花境、路缘、林缘配置，也可盆栽室内观赏。

【常见病虫害】

（1）病害　叶斑病。

（2）虫害　蚜虫。

209. 钟花蒲桃

（红车）*Syzygium myrtifolium*　桃金娘科　蒲桃属

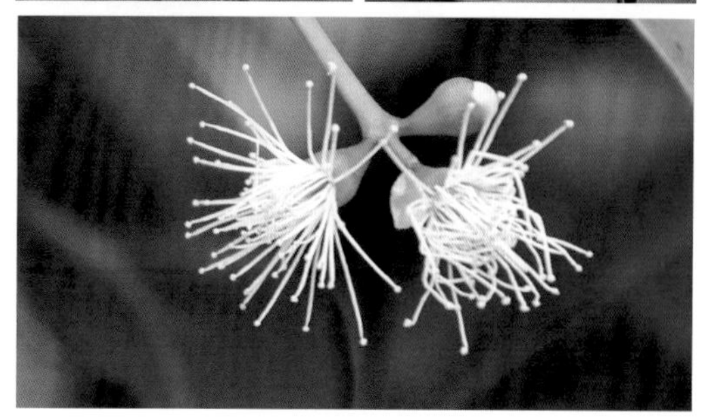

【识别特征】

（1）常绿灌木或小乔木，高可达5m。树冠尖塔形。

（2）单叶对生，革质，狭椭圆形，先端渐尖，基部楔形，全缘。新叶红色、橙色，后逐渐变绿。

（3）圆锥花序，白色。

（4）果实球形。

（5）花期春季。

【原产地及分布】

原产东南亚一带。华南地区有栽培。

【生态习性】

喜光，耐半阴；喜温暖湿润环境。耐修剪。

【配置建议】

（1）株形挺拔，新叶红艳。

（2）可孤植、对植、列植或丛植于花坛、花境、路缘、山石旁、建筑物前、林下等处配置。

【常见病虫害】

（1）病害　炭疽病和根腐病。

（2）虫害　蚜虫。

210. 地菍[niè]

（地稔[rěn]）*Melastoma dodecandrum*

野牡丹科　野牡丹属

【识别特征】

（1）匍匐小灌木，长可达30cm。幼时被糙伏毛，以后无毛。

（2）单叶对生，厚纸质，卵形或椭圆形，长1～4cm，主脉3～5条。

（3）聚伞花序顶生，淡紫色，雄蕊10，5大5小。

（4）蒴果卵球形，稍肉质，紫黑色。

（5）花期5～7月，果期7～9月。

【原产地及分布】

原产我国长江以南各地区，越南有分布。

【生态习性】

喜光，耐半阴，喜高温湿润气候，喜肥沃疏松富含有机质而排水良好的酸性土壤，较耐旱。

【配置建议】

（1）枝叶茂密，覆盖性好，花色素雅，果实可爱，是优良的耐阴地被植物。据研究，在茶园主次道旁大片种植地菍，可防杂草丛生。

（2）可用于立交桥下、林下、建筑物北侧等处配置。

【常见病虫害】

未见病虫害。

211. 野牡丹

（多花野牡丹）*Melastoma malabathricum*　野牡丹科　野牡丹属

【识别特征】

（1）常绿灌木，高可达1.5m。枝条有平伏的淡褐色鳞片。

（2）单叶对生，卵形，长4～10cm，主脉5～7条。

（3）花腋生，粉红色，花瓣5，长约3cm；雄蕊10，5大5小，大的紫色，小的黄色。

（4）蒴果近球形，长1～1.5cm。

（5）花旗4～8月，果期秋至冬季。

【原产地及分布】

原产我国台湾、福建、广东、广西，中南半岛有分布。

【生态习性】

喜光，喜高温湿润气候，为酸性土的指示植物，耐半阴，耐瘠薄。

【配置建议】

（1）株形低矮小巧，叶形可爱，花色红艳，花期长。

（2）可于花境、路缘、林缘等处配置，也可用作地被植物。

【常见病虫害】

（1）病害　未见病害。

（2）虫害　蚂蚁。

212. 毛菍[niè]

（毛稔[rěn]）*Melastoma sanguineum* 野牡丹科 野牡丹属

【识别特征】

（1）常绿灌木，高可达3m。茎、枝、叶柄、花梗和花萼都密被粗毛。

（2）单叶对生，卵状披针形至披针形，长8～15cm，两面被糙毛，主脉5条。

（3）伞房花序顶生，花瓣5，粉红色至紫色。

（4）蒴果坛状，肉质，被硬毛向外反折。

（5）花期全年，果期8～10月。

【原产地及分布】

原产我国华南地区，印度、马来西亚等地也有分布。

【生态习性】

喜光，喜高温湿润气候，喜疏松肥沃壤土。

【配置建议】

（1）株形紧凑，叶形秀丽，花大而色彩艳丽，花形独特。

（2）可用于花境、路缘或作地被植物。

【常见病虫害】

未见病虫害。

213. 蒂牡花

（银毛蒂牡花、银毛野牡丹）*Tibouchina aspera*

野牡丹科　蒂牡花属

【识别特征】

（1）常绿灌木，高可达3 m。茎四棱形，多分枝，有匍匐茎。幼枝及叶柄密被紧贴的糙伏毛。

（2）单叶对生，阔宽卵形，粗糙，长8 ～ 12cm，宽6 ～ 9cm，两面密被银白色茸毛，银白色。

（3）聚伞式圆锥花序顶生，花紫色，具深色放射斑条纹，后变为紫红色。

（4）蒴果坛状球形，密被鳞片状糙伏毛。

（5）花期5 ～ 7月；果期8 ～ 10月。

【原产地及分布】

原产热带美洲；华南地区栽培。

【生态习性】

喜光，喜高温高湿气候；耐半阴，耐旱，适应性强，生长快，耐修剪。

【配置建议】

（1）株形开展，叶形可爱，叶色有趣，花色典雅。

（2）可于路缘、林缘、花坛、花境配置，也可盆栽室内观赏。

【常见病虫害】

未见病虫害。

214. 巴西野牡丹

（蒂牡花）*Tibouchina semidecandra*

野牡丹科　蒂牡花属

【识别特征】

（1）常绿灌木，高可达1m。

（2）单叶对生，长椭圆至披针形，叶面具细茸毛，全缘，基出弧形脉3～5条。

（3）花顶生，紫蓝色，中心白色。

（4）蒴果。

（5）花果期春、夏季。

【原产地及分布】

原产巴西低海拔的山地或平地，我国南方引种栽培。

【生态习性】

喜光，喜温暖湿润气候，耐半阴。

【配置建议】

（1）株形开展，覆盖性好；花期长，花色优雅，花形典雅。

（2）常孤植、列植、丛植或群植于花坛、花境、林下、路缘、山石旁等处配置。

【常见病虫害】

（1）病害　未见。

（2）虫害　介壳虫和红蜘蛛。

芸香科

215. 九里香

（千里香、红奶果、石桂树）*Murraya paniculata*

芸香科　九里香属

【识别特征】

（1）常绿乔木，常作灌木栽培，高可达8m。

（2）羽状复叶，小叶3～7，互生，倒卵形成倒卵状椭圆形，长1～6cm，宽0.5～3cm，顶端圆或钝，有时微凹，基部短尖，偏斜，边全缘，有腺点。

（3）花顶生或腋生，白色，芳香。

（4）浆果橙黄至朱红色，阔卵形或椭圆形。

（5）花期4～8月，果期9～12月。

【原产地及分布】

原产台湾、福建、广东、海南、广西等地南部。常见于离海岸不远的平地、缓坡、小丘的灌木丛中。

【生态习性】

喜光，耐半阴；喜温暖湿润气候，喜土壤肥沃排水良好的沙质壤土；耐旱，不耐寒。

【配置建议】

（1）株形紧凑，四季常青，叶形秀丽，花色洁白有香味，果实红艳，可作为观叶、观花、香花和观果树种。

（2）可于花境、路缘、入口等处配置，也可制作盆景、造型树、绿篱或室内盆栽绿化或观赏。

【常见病虫害】

（1）病害　白粉病和锈病。

（2）虫害　红蜘蛛、天牛和介壳虫等。

216. 琉球花椒

（清香木、胡椒木）Zanthoxylum beecheyanum

芸香科　花椒属

【识别特征】

（1）落叶灌木。树皮黑棕色，上有瘤状突起；枝有刺。

（2）奇数羽状复叶，叶基有短刺2枚，叶轴有狭翼；小叶革质，11～19，长0.7～1cm，卵状披针形，具钝锯齿，叶面浓绿光亮，密生腺体。

（3）聚伞状圆锥花序，雌雄异株，雄花黄色，雌花橙红色。

（4）果椭圆形，红色。

（5）花期5月。

【原产地及分布】

原产日本、韩国。除东北外，中国各地均可栽培应用。

【生态习性】

喜光，喜温暖湿润气候，对土壤要求不严；耐寒，稍耐旱，耐修剪，忌积水。

【配置建议】

（1）小叶深绿光亮，小巧可爱，全株具浓烈胡椒香味。

（2）可作绿篱、造型树，或盆栽观赏。

【常见病虫害】

（1）病害　炭疽病。

（2）虫害　蚜虫。

楝科

217. 米仔兰

（四季米仔兰、小叶米仔兰）*Aglaia odorata*　楝科　米仔兰属

【识别特征】

（1）常绿灌木或小乔木，高可达7m。茎多小枝，幼枝顶部被星状锈色的鳞片。

（2）奇数羽状复叶，小叶5～7枚，间有9枚，对生，革质，叶轴具窄翅，倒

卵形或长椭圆形，长3～7cm。

（3）圆锥花序腋生，黄色，极芳香。

（4）浆果卵形或近球形。

（5）花期5～12月，果期7月至次年3月。

【原产地及分布】

原产海南，我国南方各省区有栽培。

【生态习性】

喜光，耐半阴，喜温暖湿润环境，不耐寒，不耐旱，忌盐碱。

【配置建议】

（1）株形紧凑，叶形秀丽，花色金黄，四季常青。

（2）可于花境、路缘、入口两侧等处配置，也可修剪作造型树、绿篱，或盆栽室内绿化和观赏。

【常见病虫害】

（1）病害　炭疽病。

（2）虫害　白蛾蜡蝉和红蜘蛛。

218. 木芙蓉

（芙蓉花）*Hibiscus mutabilis* 锦葵科 木槿属

【原产地及分布】

原产我国南方各地。日本和东南亚各国也有栽培。

【生态习性】

喜光，稍耐阴；喜温暖、湿润环境。对SO_2抗性特强，对Cl_2、HCl也有一定抗性。

【配置建议】

（1）木芙蓉是成都市的市花，成都也被称为“蓉城”。

（2）株形开展，花大色艳，果实累累。

（3）可于花坛、花境、入口两侧、路缘、道路分隔带、水岸边、建筑物前等处配置，也可用作花篱或盆栽室内观赏。

【常见病虫害】

（1）病害　白粉病。

（2）虫害　盾蚧、红蜘蛛、角斑毒蛾和叶蝉等。

【识别特征】

（1）落叶灌木或小乔木，高2～5m。小枝、叶柄、叶、花梗和花萼均被毛。

（2）单叶互生，宽卵形至圆卵形或心形，直径10～15cm，常5～7裂，裂片三角形，先端渐尖，具钝圆锯齿；叶柄长5～20cm；托叶披针形，常早落。

（3）花单生叶腋，钟形，初开时白色或淡红色，后变深红色。

（4）蒴果扁球形，被淡黄色刚毛和绵毛；种子被长柔毛。

（5）花期9～10月，果期12～3月。

219. 朱槿

（扶桑、大红花）*Hibiscus rosa-sinensis* 锦葵科 木槿属

【识别特征】

（1）常绿灌木，高1～3m。小枝圆柱形，疏被星状柔毛。

（2）单叶互生，阔卵形或狭卵形，长4～9cm，宽2～5cm，先端渐尖，基部圆形或楔形，边缘具粗齿或缺刻。

（3）花单生于上部叶腋间，常下垂，漏斗形，玫瑰红色或淡红、淡黄等色。

（4）蒴果卵形。

（5）花期几乎全年。

【原产地及分布】

广东、云南、台湾、福建、广西、四川等地有栽培。

【生态习性】

喜光，喜温暖湿润环境。

【配置建议】

（1）四季常绿，花期不断，花形可爱，花色丰富。

（2）可孤植、对植、列植、丛植于花坛、花境、路缘、林缘、入口两侧、道路分隔带等处配置，也可盆栽用于室内观赏或作造型树。现流行应用的品种有花叶朱槿（'Variegata'），叶面绿色具红色、红褐色斑块。

【常见病虫害】

（1）病害　煤烟病。

（2）虫害　棉卷叶野螟和蚜虫。

220. 木槿

（朝天暮落花）*Hibiscus syriacus*　　锦葵科　木槿属

【识别特征】

（1）落叶灌木，高3～4m。小枝密被黄色星状茸毛。

（2）单叶互生，菱形至三角状卵形，长3～10cm，宽2～4cm，具深浅不同的3裂或不裂，先端钝，基部楔形，边缘具不整齐齿缺。

（3）花单生于枝端叶腋间，钟形，淡紫色、白色。

（4）蒴果卵圆形。

（5）花期6～9月，果期9～11月。

【原产地及分布】

原产我国中部各地，中部及以南各地有栽培。

【生态习性】

喜光，喜温暖湿润环境，耐旱。

【配置建议】

（1）株形直立开展，叶色翠绿，叶形秀丽；花色雅致，花形优美，花期长。

（2）常列植或丛植用于花坛、花境、草坪、路缘、墙垣等处观赏，也可用作绿篱。

【常见病虫害】

（1）病害　炭疽病、叶枯病和白粉病等。

（2）虫害　红蜘蛛、蚜虫、蓑蛾、夜蛾和天牛等。

221. 垂花悬铃花

（悬铃花）*Malvaviscus penduliflorus*

锦葵科　悬铃花属

【识别特征】

（1）常绿灌木，高1～2m。

（2）单叶互生，卵形或近心形，浅裂或不分裂。

（3）花单生叶腋，红色，花瓣不张开；雌雄蕊柱突出于花冠外。

（4）果未见。

（5）花期全年。

【原产地及分布】

原产墨西哥和哥伦比亚。我国华南、西南、华东南地区有栽培。

【生态习性】

喜光，耐半阴；喜温暖湿润环境。耐修剪。

【配置建议】

（1）株形开展，叶色深绿，花形独特，花色红艳可爱。

（2）可于路缘、林缘、花境等处配置，也可盆栽用于室内观赏或修剪作造型树，也可用作绿篱。近年来园林中有应用的还有粉悬铃花（*Malvaviscus arboreus* ‘Pink’），花稍小，粉色。

【常见病虫害】

未见病虫害。

瑞香科

222. 金边瑞香

（金边睡香）*Daphne odora*‘Marginata’ 瑞香科 瑞香属

【识别特征】

（1）常绿直立灌木，株高60～90cm。

（2）单叶互生，纸质，长圆形或倒卵状椭圆形，先端钝尖，基部楔形，边缘全缘，叶面绿色，边缘黄色反卷。

（3）头状花序顶生，花萼筒状，顶部4裂，无花瓣，紫红色，香味浓郁。

（4）核果。

（5）花期3～5月，果期7～8月。

【原产地及分布】

品种，南方城市多有栽培。

【生态习性】

喜光，耐半阴；喜温暖湿润环境。

【配置建议】

（1）金边瑞香是江西省南昌、赣州市花。江西赣州的大余县是全国唯一的“中国瑞香之乡”。

（2）枝叶挺拔，叶色美观，花色淡雅，有香味，花期长。

（3）可孤植、对植、列植或丛植于花坛、花境、入口两侧、路缘、林缘等处配置，也可盆栽用于室内观赏。

【常见病虫害】

（1）病害　病毒病、叶斑病、枯萎病和基腐病等。

（2）虫害　蚜虫和介壳虫。

223. 结香

（打结花、黄瑞香）*Edgeworthia chrysantha*

瑞香科　结香属

【识别特征】

（1）落叶灌木，高可达2m。幼枝常被短柔毛，韧皮极坚韧。

（2）单叶互生，长圆形，披针形至倒披针形，先端短尖，基部楔形或渐狭，长8～20cm，宽2.5～5.5cm，两面均被银灰色绢状毛。

（3）花先于叶前开放，头状花序顶生或侧生，具花30～50朵，黄色，芳香。

（4）果椭圆形。

（5）花期3～4月，果期8月。

【原产地及分布】

我国长江流域以南各省及河南、陕西和西南地区有栽培。

【生态习性】

喜光，喜温暖湿润环境。

【配置建议】

（1）结香的幼枝韧性强，可以人为打结，因此得名。人们常通过打结寄语、祈愿。

（2）早春花色金黄，头状花序覆盖整个植株，蔚为壮观。树形开展，叶色翠绿。

（3）可孤植、对植、列植或丛植于花坛、花境、入口两侧、路缘、林缘、墙垣等处配置。

【常见病虫害】

（1）病害　白绢病和缩叶病。

（2）虫害　蚜虫。

224. 红木

（胭脂木）*Bixa orellana*　　红木科　红木属

【识别特征】

（1）常绿灌木或小乔木，高可达10m；枝棕褐色，密被红棕色短腺毛。

（2）单叶互生，心状卵形或三角状卵形，长10～20cm，先端渐尖，基部圆形、截形或心形，全缘。

（3）圆锥花序顶生，花瓣5，粉红色。或卵形，长2.5～4cm，刺长1～2cm，

（4）蒴果近球形，密生栗褐色长刺，2瓣裂。种子暗红色。

（5）花期6～10月，果期7月到次年5月。

【原产地及分布】

原产热带美洲。华南、西南地区引种栽培。

【生态习性】

喜光，喜高温湿润气候，不择土壤，以肥沃、排水良好的酸性壤土为佳；耐半阴，生长快。

【配置建议】

（1）树冠开展，叶片宽广，花色艳丽，果实红艳可爱。

（2）可用于花境、路缘、林缘配置作园景树。

【常见病虫害】

（1）病害　未见病害。

（2）虫害　蚜虫。

绣球科

225. 绣球

（八仙花、紫阳花）*Hydrangea macrophylla*　　绣球科　光绣球属

【识别特征】

（1）落叶或半常绿灌木，高可达4m。枝圆柱形，粗壮，具少数长形皮孔。

（2）叶对生，纸质或近革质，倒卵形或阔椭圆形，长6～15cm，宽4～11.5cm，先端骤尖，具短尖头，基部钝圆或阔楔形，边缘于基部以上具粗齿。

（3）伞房状聚伞花序，花密集，多数不育；萼片4，阔卵形、近圆形或阔卵形，粉红色、淡蓝色或白色。

（4）蒴果。

（5）花期6～8月。

【原产地及分布】

原产华东、华南、西南各地。日本、朝鲜有分布。

【生态习性】

喜半阴，喜温暖湿润环境。

【配置建议】

（1）株形开展，叶形大而覆盖效果好；花序大型，花色丰富，花期长。

（2）可于花坛、花境、路缘、建筑物前、入口两侧、林缘等处配置，也可盆栽用于室内观赏，或用于花艺设计和干花压花。

【常见病虫害】

（1）病害　萎蔫病、白粉病和叶斑病。

（2）虫害　蚜虫和盲蝽。

请勿内进

226. 越南抱茎茶

（越南抱茎山茶）*Camellia amplexicaulis*

山茶科　山茶属

【识别特征】

（1）常绿小乔木，常作灌木栽培，高可达3m。

（2）单叶互生，长椭圆形，先端尖，基部心形抱茎，深绿色，光亮，边缘有锯齿。

（3）花单生枝顶或叶腋，红色。

（4）蒴果。

（5）花期10月至次年4月。

【原产地及分布】

原产越南。我国华南及西南地区有栽培。

【生态习性】

喜光，喜温暖湿润环境。喜酸性土壤。

【配置建议】

（1）株形直立开展，叶色深绿光亮，花型典雅红艳，花期长。为新优树种。

（2）可与其他植物搭配用于花坛、花境配置，也可于道路入口两侧、林缘等处配置，或盆栽用于室内观赏和绿化。

【常见病虫害】

（1）病害　炭疽病。

（2）虫害　蚜虫、茶小卷叶蛾和尺蠖等。

227. 杜鹃叶山茶

（杜鹃红山茶、四季红山茶）*Camellia azalea*

山茶科　山茶属

【识别特征】

（1）常绿灌木，高2.5m。幼枝淡灰褐色；当年小枝红棕色，无毛。

（2）单叶互生，革质，倒卵形至长倒卵形，先端宽钝到圆形，有时微缺，基部楔形，边缘全缘，稍反卷；正面深绿色，背面浅绿色。

（3）花顶生，红色。

（4）蒴果。

（5）四季开花，盛花期秋季，果期8～9月。

【原产地及分布】

我国广东、云南等地有栽培。我国特有树种。

【生态习性】

喜温暖湿润的半阴环境，耐阴能力强，稍耐寒，喜深厚肥沃、富含腐殖质的酸性土壤。耐旱，生长快。

【配置建议】

（1）株形直立开展，叶色深绿光亮，花形典雅红艳，新优树种。

（2）可应于花坛、花境、入口、林缘等处配置作园景树，也可盆栽用于室内观赏和绿化。园林中栽培的高大杜鹃红山茶均为嫁接苗。

【常见病虫害】

（1）病害　叶斑病和炭疽病。

（2）虫害　卷叶虫、介壳虫、蚜虫和红蜘蛛。

228. 山茶

（茶花）*Camellia japonica*

【识别特征】

（1）常绿灌木或小乔木，高6～9m。嫩枝无毛。

（2）单叶互生，革质，深绿色，表面光亮，椭圆形，长5～10cm，宽2.5～5cm，先端略尖，或急短尖而有钝尖头，边缘有细锯齿。

（3）花顶生，大型，红色，无柄。

（4）蒴果圆球形。

（5）花期2～3月。果实9～10月成熟。

【原产地及分布】

四川、台湾、山东、江西等地有野生种，国内各地广泛栽培。

【生态习性】

喜半阴，喜温暖湿润环境，喜微酸性土壤，耐旱。

【配置建议】

（1）山茶为我国十大名花之一，深受人们的喜爱。为重庆市市花。

（2）株形紧凑，叶色深绿，有光泽；花形典雅，花色红艳。品种繁多，花红色、淡红色、白色，多为重瓣。

（3）在园林中，丛植或群植于林下、路缘、庭院及建筑物周围隐蔽处，也多用于专类园，盆栽更是居家或公共空间室内绿化的常用植物。

【常见病虫害】

（1）病害　炭疽病和灰斑病等。

（2）虫害　蚜虫、红蜘蛛和茶毛虫等。

金心大红

【识别特征】

（1）常绿灌木，高2～3m。

（2）单叶互生，革质，长圆形或倒卵状长圆形，长11～16cm，宽2.5～4.5cm，先端尾状渐尖，基部楔形，表面光亮，边缘有细锯齿。

（3）花单生叶腋，黄色。

（4）蒴果扁三角球形。

（5）花期1～2月，果期10～11月。

【原产地及分布】

原产我国广西。云南、广东、广西有栽培。

【生态习性】

喜半阴，喜温暖湿润环境，喜微酸性土壤。

【配置建议】

（1）金花茶被称为“植物界大熊猫”“茶族皇后”，是国家一级重点保护植物。

（2）株形紧凑，叶色亮绿，花色金黄。

（3）可孤植、对植或丛植于花坛、花境、入口两侧、路缘、林下、林缘等处配置，也可盆栽用于室内观赏。

【常见病虫害】

（1）病害　炭疽病、煤烟病、叶枯病和芽枯病等。

（2）虫害　蚜虫、卷叶虫和茶毒蛾等。

230. 茶梅

（茶梅花、冬红山茶）*Camellia sasanqua*　　山茶科　山茶属

【识别特征】

（1）常绿灌木或小乔木。嫩枝有毛。

（2）单叶互生，革质，椭圆形，长3～5cm，宽2～3cm，先端短尖，基部楔形，有时略圆，边缘有细锯齿。

（3）花较山茶花小，直径4～7cm，红色。

（4）蒴果球形。

（5）花期依品种不同，9～11月至次年1～3月。

【原产地及分布】

分布于日本，我国南方城市多有栽培。

【生态习性】

喜半阴，喜温暖湿润环境，耐旱；喜微酸性土壤。

【配置建议】

（1）株形紧凑，叶色深绿，有光泽；花形典雅，花色红艳。

（2）常孤植、对植、丛植或群植于花坛、花境、入口两侧、林下、路缘、庭院及建筑物周围隐蔽处，也用于山茶专类园，或盆栽用于室内观赏。

【常见病虫害】

（1）病害　灰斑病、煤烟病和炭疽病等。

（2）虫害　介壳虫和红蜘蛛等。

杜鹃花科

231. 西洋杜鹃

（比利时杜鹃）*Rhododendron hybridum*

杜鹃花科　杜鹃花属

【识别特征】

（1）常绿灌木，高可达50cm，分枝多。

（2）单叶互生，长椭圆形，叶面具白色茸毛。

（3）总状花序顶生，花有重瓣及复瓣，花色红、粉红、白色带粉红边或红白相间等。

（4）蒴果，很少结实。

（5）花期4～5月。

【原产地及分布】

园艺杂交种，我国南北地区广泛栽培。

【生态习性】

喜光，喜温暖湿润环境，喜肥沃富含腐殖质的微酸性土壤；耐半阴，不耐寒。

【配置建议】

（1）株形紧凑，叶色深绿，花形典雅，花色丰富。

（2）常盆栽用于室内空间绿化和观赏，也可于花坛、花境、入口两侧等处配。

【常见病虫害】

（1）病害　褐霉病。

（2）虫害　红蜘蛛。

232. 锦绣杜鹃

（毛鹃、春鹃、夏鹃）*Rhododendron*×*pulchrum*

杜鹃花科　杜鹃花属

【识别特征】

（1）半常绿灌木，高可达2m。

（2）叶常集生于枝顶，薄革质，椭圆状长圆形至长圆状倒披针形，长2～7cm，先端钝尖，基部楔形，边缘反卷，全缘，上面深绿色，初时散生淡黄褐色糙伏毛，后近于无毛，下面淡绿色，被微柔毛和糙伏毛。

（3）伞形花序顶生，玫瑰紫色、粉色等，阔漏斗形，先端5裂。

（4）蒴果长圆状卵形，花萼宿存。

（5）花期2～4月，果期9～10月。

【原产地及分布】

我国江苏、浙江、江西、福建、湖北、湖南、广东和广西等地有栽培。

【生态习性】

喜光，耐半阴；喜温暖湿润环境，较耐旱；喜微酸性土壤。

【配置建议】

（1）株形紧凑，花色艳丽，花形可爱。

（2）可于花坛、花境、路缘、林下、山石旁、建筑物前、水岸边等处配置或作地被植物，也可盆栽室内观赏。园林中应用的还有白花杜鹃（*Rhododendron mucronatum*），花白色。

【常见病虫害】

（1）病害　褐斑病和根腐病。

（2）虫害　冠网蝽和红蜘蛛。

233. 杜鹃

（映山红、照山红）*Rhododendron simsii*　　杜鹃花科　杜鹃花属

【识别特征】

（1）落叶灌木或小乔木，高可达3m。

（2）单叶互生，革质，常集生枝端，卵形、椭圆状卵形或倒卵形，长3～5cm，宽0.5～3cm，先端短渐尖，基部楔形或宽楔形，边缘微反卷，具细齿，上面深绿色，疏被糙伏毛，下面淡白色，密被褐色糙伏毛。

（3）花先叶开放，2～3朵簇生枝顶，花冠阔漏斗形，玫瑰色、鲜红色或暗红色，基部有深红斑点。

（4）蒴果卵球形。

（5）花期4～6月，果期7～10月。

【原产地及分布】

原产华东、华南和西南地区。

【生态习性】

喜光，耐半阴；喜温暖湿润环境，较耐旱；喜微酸性土壤。

【配置建议】

（1）株形紧凑饱满，先花后叶，花色艳丽，花形可爱。

（2）可于花境、路缘、林下、建筑物前、水岸边等处配置，也可盆栽室内观赏。

【常见病虫害】

（1）病害　根腐病、褐斑病、黑斑病和叶枯病等。

（2）虫害　蚜虫。

234. 栀子

（黄栀子、山栀子）*Gardenia jasminoides* 茜草科 栀子属

【识别特征】

（1）常绿灌木，高可达3m。枝圆柱形，灰色。

（2）单叶对生或3枚轮生，革质，倒卵状长圆形，长3～25cm，宽1.5～8cm，顶端渐尖或短尖而钝，基部楔形或短尖，全缘。

（3）花常单生枝顶，白色或乳黄色，高脚碟，顶部5至8裂，通常6裂，芳香。

（4）浆果卵形，黄色或橙红色。

（5）花期3～7月，果期5月至次年2月。

【原产地及分布】

原产我国长江流域，现长江流域及以南地区广泛栽培。日本、朝鲜、越南等地也有分布。

【生态习性】

喜光，喜温暖湿润环境，喜酸性土壤；抗有害气体能力强，萌芽力强，耐修剪。

【配置建议】

（1）花色洁白，芳香，果实红艳可爱，为常见香花植物。

（2）园林中常丛植于路缘、墙垣、山石边、池畔等处观赏，也可盆栽用于室内观赏。白蟾（var. *Fortuneana*）花重瓣，全年开花；花叶栀子（'Variegata'），叶上有白色或乳白色斑。

【常见病虫害】

（1）病害 炭疽病、叶斑病和烟煤病等。

（2）虫害 介壳虫、粉虱和叶蝉等。

235. 长隔木

（希美莉、希茉莉）*Hamelia patens*

茜草科　长隔木属

【识别特征】

（1）半落叶灌木，高2～4m。

（2）叶常3枚轮生，椭圆状卵形至长圆形，长7～20cm，顶端短尖或渐尖，绿色或红色。

（3）聚伞花序，橙红色，冠管狭圆筒状，雄蕊稍伸出。

（4）浆果卵圆状，暗红色或紫色。

（5）花期几乎全年。

【原产地及分布】

原产巴拉圭等拉丁美洲各国。我国南部和西南部有栽培。

【生态习性】

喜光，喜温暖湿润环境，耐旱。

【配置建议】

（1）株形开展，叶色红艳，花形独特艳丽。

（2）可孤植、列植、丛植于花坛、花境、路缘、山石旁、入口两侧、建筑物前等处配置，也可用作绿篱。

【常见病虫害】

（1）病害　煤污病、叶斑病和褐斑病。

（2）虫害　蚜虫、吹绵蚧和食叶蛾。

236. 龙船花

（山丹）*Ixora chinensis*

【识别特征】

（1）常绿灌木，高可达2m。

（2）单叶对生，椭圆状披针形或倒卵状长椭圆形，长6～13cm，顶端尖或钝，基部楔形或浑圆，全缘。

（3）伞房状聚伞花序顶生，花冠红色或橙红色，高脚碟状，筒细长，裂片4，先端浑圆。

（4）浆果近球形，熟时黑红色。

（5）花期几乎全年。

【原产地及分布】

原产福建、广东、香港、广西。分布于越南、菲律宾、马来西亚、印度尼西亚等热带地区。

【生态习性】

喜光，喜高温多湿气候，耐旱，耐修剪。

【配置建议】

（1）株形紧凑，四季常绿，花色鲜红美丽，花期长。

（2）可于花坛、花境、路缘、建筑物前等处配置，也可用作绿篱。同属应用树种还有大王龙船花（*Ixora casei* 'Super King'）花冠裂片短尖，红色；红仙丹花（*Ixora coccinea*）矮小灌木，叶椭圆形或狭长椭圆形，花殷红色；黄花龙船花（Ixora coccinea var. lutea）花冠裂片短尖，黄色；小叶龙船花（*Ixora coccinea* 'Xiaoye'）叶短小，花冠红色或橙红色。

【常见病虫害】

（1）病害　炭疽病。

（2）虫害　蓟马。

237. 红纸扇

（红叶金花）*Mussaenda erythrophylla*　　茜草科　玉叶金花属

【识别特征】

（1）半落叶灌木，高可达3m。

（2）叶对生，纸质，椭圆形披针状，顶端长渐尖，基部渐窄，两面被稀柔毛，叶脉红色。

（3）聚伞花序顶生，花萼裂片5，其中一片明显增大为红色花瓣状，花冠金黄色。

（4）很少结实。

（5）花期夏秋季。

【原产地及分布】

原产西非。我国南方广泛栽培。

【生态习性】

喜光，喜温暖湿润环境，耐旱。

【配置建议】

（1）株形开展，叶色翠绿，苞片大而红艳。

（2）常孤植、丛植于花坛、花境、路缘、水岸边、建筑物前等处配置。品种粉叶金花又名粉纸扇（‘Alicia’），花序粉红色。

【常见病虫害】

（1）病害　叶斑病和白粉病。

（2）虫害　介壳虫。

238. 五星花

（繁星花）*Pentas lanceolata*　　茜草科　五星花属

【识别特征】

（1）直立亚灌木，全株被毛。

（2）单叶对生，深绿色，卵状椭圆形，先端渐尖，基部渐狭具短柄。

（3）聚伞花序顶生，粉红、绯红、桃红、白、红色等。

（4）蒴果。

（5）花期3～10月。

【原产地及分布】

原产于非洲热带和阿拉伯地区，我国各地有栽培。

【生态习性】

喜光，喜温暖湿润环境，耐旱。

【配置建议】

（1）花形可爱，花量大，色彩温馨娇艳。

（2）可用于花坛、花境、花箱等的配置，也可用于室内盆栽观赏。

【常见病虫害】

（1）病害　灰霉病。

（2）虫害　蚜虫和介壳虫。

239. 白背郎德木

（银叶郎德木、巴拿马玫瑰）*Rondeletia leucophylla*

茜草科　郎德木属

【识别特征】

（1）灌木。

（2）单叶对生，椭圆状披针形，上面绿色，下面银白色。

（3）聚伞花序，粉红色。

（4）花期几乎全年。

【原产地及分布】

原产墨西哥。

【生态习性】

喜光，喜温暖湿润环境。耐修剪。

【配置建议】

（1）株形低矮，覆盖性强；双色叶，叶形秀丽；花色艳丽，花序大型。

（2）可于花境、路缘、林缘等处配置，也可盆栽室内观赏。

【常见病虫害】

（1）病害　霜霉病。

（2）虫害　红蜘蛛。

240. 郎德木

Rondeletia odorata 茜草科 郎德木属

【识别特征】

（1）常绿灌木，高可达2m。

（2）单叶对生，革质，卵形、椭圆形或长圆形，边缘稍反卷；表面粗糙起皱，有柔毛；托叶三角形。

（3）聚伞花序顶生，花红色。

（4）蒴果球形，密被柔毛。

（5）花期7～10月。

【原产地及分布】

原产古巴、巴拿马、墨西哥等地。我国华南地区有栽培。

【生态习性】

喜光，喜温暖湿润环境，喜肥沃、疏松、富含有机质的酸性壤土，耐干旱，不耐寒，不耐阴。

【配置建议】

（1）株形低矮，覆盖性强；叶形可爱；花色艳丽，花形典雅。

（2）可于花境、路缘、林缘等处配置，也可盆栽室内观赏。

【常见病虫害】

未见病虫害。

241. 六月雪

（满天星）*Serissa japonica*　　茜草科　白马骨属

【识别特征】

（1）常绿或半常绿灌木，高1m以下。分枝繁多，嫩枝有微毛。

（2）单叶对生或簇生于短枝，长椭圆形，长7～15mm，端有小突尖，基部渐狭，全缘，革质，两面叶脉、叶缘及叶柄上均有白色毛。

（3）花单生或数朵簇生；花冠白色或淡粉紫色，花冠管比萼檐裂片长。

（4）核果球形。

（5）花期5～7月。

【原产地及分布】

原产江苏、安徽、江西、浙江、福建、广东、香港、广西、四川、云南。日本和越南也有分布。

【生态习性】

喜阴，喜温暖湿润环境，耐修剪。

【配置建议】

（1）株形纤巧，枝叶扶疏，花色洁白，花形小巧而奇特。

（2）常丛植或群植于花坛、花境、路缘、山石旁等处配置，也可制作盆景、造型树。园林应用中还有金边六月雪（'Variegata'），叶缘金黄色。

【常见病虫害】

（1）病害　根腐病。

（2）虫害　蚜虫和介壳虫等。

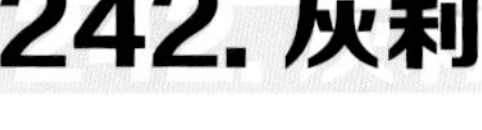

龙胆科

242. 灰莉

（灰刺木、非洲茉莉）*Fagraea ceilanica* 龙胆科 灰莉属

【识别特征】

（1）常绿灌木，高可达3m。

（2）单叶对生，稍肉质，椭圆形、卵形、倒卵形或长圆形，长5～25cm，宽2～10cm，顶端渐尖、急尖或圆而有小尖头，基部楔形或宽楔形，深绿色。

（3）花白色，芳香。

（4）浆果卵状。

（5）花期5月，果期10～12月。

【原产地及分布】

原产台湾、海南、广东、广西和云南南部。东南亚地区有分布。

【生态习性】

喜光，喜暖湿气候；耐半阴，耐旱，耐修剪。

【配置建议】

（1）株形开展，四季常绿；花大洁白，芳香。

（2）常修剪为圆球形于花坛、花境、路缘、水岸边等处配置，也可制作盆景或绿篱，或盆栽用于室内绿化和观赏。

【常见病虫害】

（1）病害 炭疽病。

（2）虫害 蓟马。

夹竹桃科

243. 沙漠玫瑰

（天宝花、沙漠蔷薇）*Adenium obesum*

夹竹桃科　沙漠玫瑰属

【识别特征】

（1）落叶多肉灌木或小乔木，高可达4.5m；树干肿胀，全株有透明乳汁。

（2）单叶互生，集生枝端，倒卵形至椭圆形，长达15cm，全缘，先端钝而具短尖，革质。

（3）花冠钟形，5裂，外缘红色至粉红色，中部色浅。

（4）角果。

（5）花期4月～11月，果期7～12月。

【原产地及分布】

原产非洲东部。

【生态习性】

喜光，耐半阴；喜温暖干燥环境，不耐寒，耐旱，忌水湿。

【配置建议】

（1）茎粗壮，叶色翠绿，花形可爱，花色艳丽。

（2）可孤植、丛植于花坛、花境、路缘、山石旁等处配置，也可盆栽用于室内观赏。

【常见病虫害】

（1）病害　软腐病。

（2）虫害　蚜虫和红蜘蛛。

244. 紫蝉花

（紫花黄蝉）*Allamanda blanchetii* 夹竹桃科 黄蝉属

【识别特征】

（1）常绿蔓性藤本。小枝、叶、叶脉均密生绒毛，全株有白色乳汁。

（2）单叶3～4枚轮生，长椭圆形或倒卵状披针形，顶端突尖，全缘。

（3）聚伞花序顶生或腋生，暗桃红色或淡紫红色，花冠漏斗形，顶端5裂。

（4）蒴果。

（5）花期5月至翌年2月。

【原产地及分布】

原产巴西。华南地区有栽培。

【生态习性】

喜光，喜温暖湿润气候，喜肥沃砂质而排水良好的微酸性壤土；耐半阴。

【配置建议】

（1）枝条蔓性强，叶片油亮，花大而色艳。

（2）可用于坡地、假山、廊架等的绿化。

【常见病虫害】

未见病虫害。

245. 黄蝉

（黄兰蝉）*Allamanda schottii* 夹竹桃科 黄蝉属

【识别特征】

（1）常绿灌木，高可达2m，具乳汁。

（2）叶硬纸质，3～6枚轮生，全缘，椭圆形或倒卵状长圆形，长5～14cm，宽2～4cm，先端渐尖或急尖，基部楔形，叶面深绿色，叶背浅绿色，有边脉；叶柄极短，基部及腋间具腺体。

（3）伞房花序顶生，花冠漏斗状，橙黄色，内面具红褐色条纹，顶端5裂。

（4）蒴果球形，具长刺。

（5）花期5～8月，果期10～12月。

【原产地及分布】

原产巴西。现广泛栽培于热带地区。

【生态习性】

喜光，喜高温多湿气候，不耐寒，不耐旱，对土壤要求不严。耐修剪。

【配置建议】

（1）树姿挺拔，枝叶古朴，花大而色彩鲜亮。

（2）可于花境、路缘、山石旁配置，也可修剪成圆球形用作园景树，或盆栽用于室内观赏。

【常见病虫害】

（1）病害 煤烟病。

（2）虫害 介壳虫。

246. 长春花

【识别特征】

（1）直立半灌木，高30～50cm。

（2）单叶对生，倒卵状长圆形，长3～4cm。聚伞花序顶生和腋生，着花2～3朵；

（3）花冠高脚蝶状，粉红色。

（4）蓇葖双生，直立。

（5）几乎全年均可开花。

【原产地及分布】

原产非洲东部，现栽培于热带和亚热带地区。我国西南、中南、华东及华南地区常见栽培。

【生态习性】

喜光，喜高温湿润气候；耐半阴，不耐寒。

【配置建议】

（1）株形披散，覆盖性好；花期长，花色鲜艳。

（2）常于花坛、花境、路缘等处配置，也可盆栽室内观赏。

【常见病虫害】

（1）病害　锈病、黄化病和疫病。

（2）虫害　粉蚧。

247. 夹竹桃

（欧洲夹竹桃、柳叶桃）*Nerium oleander*　夹竹桃科　夹竹桃属

【识别特征】

（1）常绿灌木，高达5m，有乳汁。

（2）叶革质，3～4枚轮生或对生，狭披针形，顶端急尖，基部楔形，叶缘反卷，长5～21cm，宽2～2.5cm，叶面深绿色，叶背浅绿色，侧脉平行，叶柄内具腺体。

（3）聚伞花序顶生，花冠漏斗状，先端5裂，芳香，深红色、粉红色或浅粉色。

（4）蓇葖果。

（5）花期几乎全年，果期冬春季。

【原产地及分布】

全国各地有栽培，尤以南方为多。

【生态习性】

喜光，耐半阴；喜温暖湿润环境，耐寒，耐旱，抗性强，适应力强。耐修剪。

【配置建议】

（1）株形开展，四季常绿；叶形秀丽，花色丰富，花形美观，花期长。

（2）可于花境、路缘、林缘、水岸边、山石旁、公路、铁路沿线等处配置，也可用于工矿厂区绿化。

【常见病虫害】

（1）病害　丛枝病和褐斑病。

（2）虫害　蚜虫和介壳虫。

248. 狗牙花

（白狗牙、狮子花）*Tabernaemontana divaricata*

夹竹桃科　狗牙花属

【识别特征】

（1）常绿灌木，高可达5m。

（2）单叶对生，薄革质，椭圆形或椭圆状长圆形，长3～18cm，顶端渐尖，基部楔形，深绿色，有乳汁。

（3）聚伞花序腋生，白色，单瓣或重瓣，高脚碟状，芳香。

（4）蓇葖果。

（5）花期4～9月，果期7～11月。

【原产地及分布】

原产我国云南南部，孟加拉国、不丹、尼泊尔、印度、缅甸、泰国也有分布。我国南方各地有栽培。

【生态习性】

喜光，喜高温湿润气候，喜深厚肥沃的沙壤土；耐半阴，较耐旱，耐修剪，不耐寒。

【配置建议】

（1）株形开展，四季常绿，叶形秀丽，花色洁白，花期长。

（2）可于花境、路缘、山石旁、水岸边、道路分隔带等处配置，也可用作绿篱。园林中还有花叶狗牙花（'Varigegata'），叶上有白色斑。

【常见病虫害】

（1）病害　煤烟病和病毒病。

（2）虫害　粉蚧和蓟马。

紫草科

249. 基及树

（福建茶）*Carmona microphylla*　　紫草科　基及树属

【识别特征】

（1）常绿灌木，高1～3m。

（2）叶长枝上互生，短枝上簇生，革质，倒卵形或匙形，长1.5～3.5cm，宽1～2cm，先端圆形或截形、具粗圆齿，基部渐狭为短柄，上面有短硬毛或斑点，下面近无毛。

（3）花冠钟状，裂片5，白色或稍带红色。

（4）核果球形，先端有短喙。

（5）花期11月至次年4月。

【原产地及分布】

原产广东西南部、海南岛及台湾。

【生态习性】

喜光，耐半阴；喜温暖湿润环境，较耐旱，不耐寒。耐修剪。

【配置建议】

（1）株形紧凑，覆盖性强，四季常绿；叶形秀丽，花洁白古雅。

（2）可孤植、对植、列植、丛植于花坛、花境、路缘、林下、山石旁、建筑物前或角隅等处配置，也可用作绿篱、盆景、造型树，或室内盆栽观赏。

【常见病虫害】

（1）病害　锈病。

（2）虫害　蚜虫。

内
茶艺
精

250. 鸳鸯茉莉

（双色茉莉）*Brunfelsia brasiliensis*　　茄科　鸳鸯茉莉属

【识别特征】

（1）常绿灌木，高50～100cm。

（2）单叶互生，矩圆形或椭圆状矩形，先端渐尖，全缘或微波状。

（3）花单生或聚伞花序，高脚蝶状，初开时淡紫色，后变为白色，有茉莉的香味。

（4）浆果。

（5）花期4～10月。

【原产地及分布】

原产热带美洲。华南地区有栽培。

【生态习性】

喜光，喜高温多湿气候。

【配置建议】

（1）四季常绿，枝叶茂盛，花色素雅，双色，有茉莉的香味。

（2）可于花境、路缘、建筑物前、角隅等处配置，也可盆栽室内观赏。

【常见病虫害】

（1）病害　白粉病。

（2）虫害　粉虱和叶蝉。

251. 大花鸳鸯茉莉

（大花番茉莉）*Brunfelsia grandiflora*

茄科　鸳鸯茉莉属

【识别特征】

（1）常绿灌木，高2m。茎多分枝。

（2）叶较大，单叶互生，长披针形，全缘，纸质，叶缘略波皱。

（3）花大，单生或2～3朵簇生于枝顶，高脚蝶状，花冠筒较长，约2～3cm，初开时蓝色，后变为白色，芳香。

（4）浆果。

（5）花期几乎全年，10～12月为盛花期，果期春季。

【原产地及分布】

原产巴西及西印度群岛。

【生态习性】

喜光，喜温暖湿润气候，不耐寒，不耐涝，不耐强光。

【配置建议】

（1）四季常绿，枝叶茂盛，花色素雅，双色。

（2）可于花境、路缘、林缘等处配置，也可盆栽室内观赏。

【常见病虫害】

（1）病害　白粉病。

（2）虫害　粉虱和叶蝉。

252. 茉莉花

（茉莉、抹历）*Jasminum sambac*　　木犀科　素馨属/茉莉属

【识别特征】

（1）常绿直立或攀援灌木，高达3m。小枝圆柱形或稍压扁状，有时中空，疏被柔毛。

（2）单叶对生，纸质，宽卵形或椭圆形，长2.5～9cm，顶端急尖，基部圆形或微心形，下面脉腋间具簇毛。

（3）聚伞花序顶生，常有花3朵，白色，极芳香。

（4）常不结实。

（5）花期5～11月，7月盛花期。

【原产地及分布】

原产印度，中国南方和世界各地广泛栽培。

【生态习性】

喜光，喜高温湿润气候，喜深厚、肥沃、疏松的沙壤土，不耐寒。

【配置建议】

（1）花色洁白，有香味，为著名香花植物。

（2）在南方常用于花境、园路边或庭院栽培，北方多盆栽用于居室绿化。

【常见病虫害】

（1）病害　白绢病、炭疽病、叶斑病和煤烟病等。

（2）虫害　卷叶蛾和红蜘蛛。

253. 小蜡

（山指甲）*Ligustrum sinense*

【识别特征】

（1）常绿灌木或小乔木，高可达4m。小枝圆柱形，幼时被淡黄色短柔毛或柔毛，老时近无毛。

（2）单叶对生，薄革质，椭圆形或长圆形，长3～6cm，先端渐尖或钝而微凹，基部楔形至近圆形，幼时两面被短柔毛，老时沿中脉被短柔毛。

（3）圆锥花序顶生或腋生，白色，有香味，花序梗、花梗和花萼均被短柔毛。

（4）果球形。

（5）花期3～6月，果期9～12月。

【原产地及分布】

原产华东、华南和西南地区。越南有分布。

【生态习性】

喜光，喜温暖湿润气候，耐半阴，耐修剪。

【配置建议】

（1）枝繁叶茂，花序大型，花量大，洁白有香味。

（2）可于花境、路缘、山石旁配置，也可用作绿篱。园林中有银姬小蜡（‘Variegatum’），叶上有白色斑；金姬小蜡（‘Golden Leaves’），叶上有黄色斑。

【常见病虫害】

（1）病害　叶枯病。

（2）虫害　卷叶蛾。

254. 锈鳞木犀榄

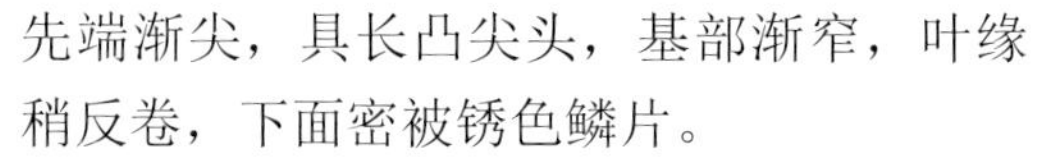
（尖叶木樨榄）*Olea europaea* subsp. *cuspidata*

木犀科　木犀榄属

【识别特征】

（1）常绿灌木或小乔木，高可达10m。小枝褐色或灰色，近四棱形。

（2）单叶对生，革质，狭披针形至长圆状椭圆形，长3～10cm，宽1～2cm，先端渐尖，具长凸尖头，基部渐窄，叶缘稍反卷，下面密被锈色鳞片。

（3）圆锥花序腋生，花白色。

（4）果宽椭圆形或近球形。

（5）花期4～8月，果期8～11月。

【原产地及分布】

原产我国云南。印度、巴基斯坦、阿富汗等地也有分布。

【生态习性】

喜光，耐半阴；喜温暖湿润环境，耐寒，耐旱。萌芽力强，耐修剪，适应性强。

【配置建议】

（1）树形美观，枝繁叶茂，叶面光亮，叶形秀丽。

（2）可孤植、列植、丛植或群植于花坛、花境、路缘、林缘、山石旁等处配置，也可作造型树或绿篱。

【常见病虫害】

（1）病害　未见。

（2）虫害　金龟子。

255. 桂花

（木犀、岩桂、木樨）*Osmanthus fragrans* 木犀科 木犀属

【识别特征】

（1）常绿小乔木或灌木，高可达12m；树皮灰色，光滑有皮孔。

（2）单叶对生，硬革质，长椭圆形，顶端尖，基楔形，细锯齿缘。

（3）总状花序腋生，小，黄白色，浓香。

（4）核果椭圆形，紫黑色。

（5）花期10月，果期次年春季。

【原产地及分布】

原产我国西南部，现广泛栽培于长江流域以南各省区，华北多盆栽。

【生态习性】

喜光，喜温暖和通风良好的环境，喜湿润排水良好的砂质壤土，忌涝地、碱地和黏重土壤；耐阴，稍耐寒，对SO_2、Cl_2等有较强抗性，耐修剪。

【配置建议】

（1）树干端直，树冠圆整，四季常青，花期正值中秋，香飘数里，是我国十大名花之一，深受人民喜爱。中国古典园林中，庭前对植两株桂花，取“两桂当庭”，是传统的配植手法。

（2）可孤植、对植或丛植于假山、草坪、道路两侧或院落等地；群植可形成“桂花山”“桂花岭”的观花闻香景观，如杭州的“满陇桂雨”；也可用于室内盆栽绿化和观赏。著名的变种有丹桂var. *aurantiacus*花橘红色或橙黄色，香味弱，9月开花；金桂var. *thunbergii* 花黄色至深黄色；银桂var. *latifolius* 花近白色；四季桂var. *semperslorens*花白色或黄色，花期全年。

【常见病虫害】

（1）病害 炭疽病、褐斑病和叶枯病。

（2）虫害 蓟马和介壳虫。

玄参科

256. 红花玉芙蓉

Leucophyllum frutescens 玄参科 玉芙蓉属

【识别特征】

（1）常绿灌木，高可达2.5m，枝条开展或拱垂，全株密被白色茸毛。

（2）单叶互生，倒卵形，长1.2～2.5cm，先端圆钝，基部楔形，全缘，微卷曲，叶柄极短。

（3）花单生叶腋，萼裂片长椭圆状披针形；花冠紫红色，钟形，长约2.5cm，檐部直径2.5cm，内部被毛，五裂。

（4）蒴果，2裂。

（5）花期夏、秋两季。

【原产地及分布】

原产北美洲的墨西哥至美国德州，华南地区有栽培。

【生态习性】

喜光，喜温暖湿润气候，耐瘠薄土壤。

【配置建议】

（1）树形紧凑，叶形可爱，叶色银白，花色紫红是优良的花灌木和常色叶树种。

（2）可于花坛、花境、路缘等配置，也可用作绿篱。

【常见病虫害】

未见病虫害。

257. 赪[chēng]桐

（贞桐花、状元红）*Clerodendrum japonicum*

唇形科　大青属

【识别特征】

（1）灌木，高1～4m；小枝四棱形，被短柔毛。

（2）单叶对生，圆心形，长8～35cm，宽6～27cm，顶端尖或渐尖，基部心形，边缘有疏短尖齿，背面密生锈黄色盾形腺体。

（3）聚伞花序顶生，花萼大，红色；花冠红色。

（4）果近球形，蓝黑色。

（5）花果期5～11月。

【原产地及分布】

原产华东、华南和西南地区。印度东北、孟加拉国、锡金、不丹、中南半岛、马来西亚余部、日本也有分布。

【生态习性】

喜光，耐半阴；喜温暖多湿气候，对土壤要求不严。耐湿，耐旱，不耐寒。

【配置建议】

（1）株形开展，覆盖性好；花色艳丽，花形美观，花期长。

（2）可于花境、路缘、林下等处配置，也可盆栽室内观赏。

【常见病虫害】

（1）病害　煤污病和白粉病。

（2）虫害　蚜虫。

258. 烟火树

（星烁山茉莉）*Clerodendrum quadriloculare*　唇形科　大青属

【识别特征】

（1）常绿灌木。幼枝方形，墨绿色。

（2）叶对生，长椭圆形，先端尖，全缘或锯齿状波状缘，叶背暗紫红色。

（3）聚伞花序，花顶生，小花多数，白色5裂，外卷成半圆形。

（4）浆果状核果，椭圆形。

（5）花期6月～11月。

【原产地及分布】

原产菲律宾。我国华南、西南引种栽培。

【生态习性】

喜光，喜温暖湿润环境。

【配置建议】

（1）株形开展，叶片大型双色，花序大而美观。

（2）可于花境、路缘、山石旁等处配置。

【常见病虫害】

未见病虫害。

259. 冬红

（帽子花、阳伞花）*Holmskioldia sanguinea* 唇形科 冬红属

【识别特征】

（1）常绿灌木，高可达7m；小枝四棱形，具四槽，被毛。

（2）单叶对生，卵形或宽卵形，基部圆形或近平截，叶缘有锯齿，两面均有稀疏毛及腺点。

（3）聚伞花序，花萼朱红色或橙红色，碟形；花冠管状，橙红色。

（4）果实倒卵形。

（5）花期冬末春初。

【原产地及分布】

原产喜马拉雅至马来西亚。现我国华南、西南地区有栽培。

【生态习性】

喜光，喜温暖湿润气候，喜肥沃及保水良好的沙壤土；耐半阴，不耐寒，耐修剪。

【配置建议】

（1）株形开展，四季常绿；花量大，花萼如红艳飞碟，花冠形态奇特。在华南冬红可有效提供冬季花蜜食源，吸引叉尾太阳鸟、红胸啄花鸟、朱背啄花鸟、暗绿绣眼鸟等鸟类，可以营造鸟语花香的景观效果。

（2）可于花境、路缘、水岸边、山石旁等处配置，也可盆栽用于室内绿化。

【常见病虫害】

未见病虫害。

爵床科

260. 赤苞花

（巴西红斗篷、红爵床）*Megaskepasma erythrochlamys*

爵床科　赤苞花属

【识别特征】

（1）常绿灌木，高可达3m。

（2）单叶对生，纸质，卵状椭圆形，浅绿色，表面光亮，边缘有锯齿。

（3）穗状花序顶生，花由众多苞片组成，深粉色到红紫色不等，二唇状的白色花冠通常早凋，但赤红色苞片花后宿存，

（4）果实棍棒状。

（5）花期8～12月。

【原产地及分布】

原产中美洲地区。华南及西南地区有栽培。

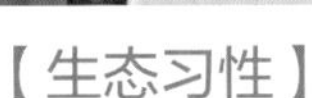

【生态习性】

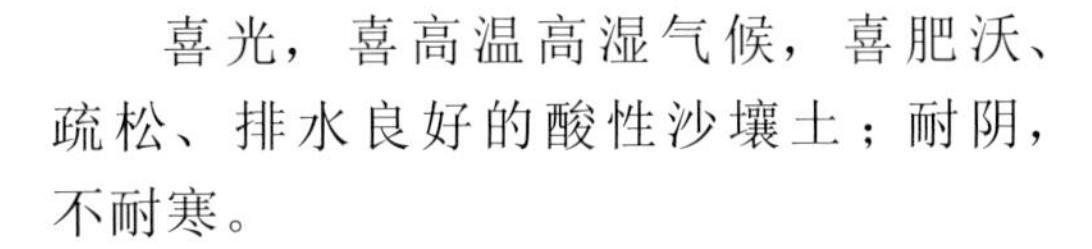

喜光，喜高温高湿气候，喜肥沃、疏松、排水良好的酸性沙壤土；耐阴，不耐寒。

【配置建议】

（1）株形紧凑，叶形秀丽，花序长，花色红艳。

（2）可于花坛、花境、路缘配置，也可以盆栽室内绿化观赏或作为切花材料。

【常见病虫害】

未见病虫害。

261. 红苞花

（鸡冠爵床）*Odontonema tubiforme*

【识别特征】

（1）常绿灌木，高可达4m。小枝四棱形。

（2）单叶对生，纸质，卵状披针形，先端渐尖，全缘，表面粗糙。

（3）总状花序顶生，唇形花冠，红色。

（4）瘦果。

【原产地及分布】

原产中美洲热带雨林。我国华南、西南地区有栽培。

【生态习性】

喜光，喜高温多湿气候，对土壤要求不严；耐阴，耐旱，耐水湿，不耐寒；根系发达，生长较快。

【配置建议】

（1）株形紧凑，叶形秀丽，花序艳丽。

（2）可于花境、路缘配置，也可修剪做绿篱。

【常见病虫害】

（1）病害　未见。

（2）虫害　介壳虫。

262. 金苞花

（黄虾衣花、金苞爵床）*Pachystachys lutea*　爵床科　金苞花属

【识别特征】

（1）常绿灌木，高可达1m，多分枝。

（2）单叶对生，狭卵形，叶面皱褶有光泽。

（3）穗状花序顶生；苞片心形，金黄色；花白色，唇形。

（4）果实未见。

（5）花期全年。

【原产地及分布】

原产美洲热带地区的墨西哥和秘鲁，中国南方地区多有栽培。

【生态习性】

喜高温、多湿及阳光充足的环境，不耐寒。喜排水良好、肥沃的腐殖质土或沙质壤土。

【配置建议】

（1）叶色亮绿，花序黄白素雅，花形独特，花期长。

（2）可用于花坛、花境、路缘、林缘、出入口两侧等处，或用作绿篱，也可盆栽用于室内绿化或观赏。

【常见病虫害】

（1）病害　白粉病和煤污病。

（2）虫害　蚜虫和红蜘蛛。

263. 蓝花草

（翠芦莉、兰花草）*Ruellia brittoniana*　　爵床科　芦莉草属

【识别特征】

（1）常绿灌木，高30～100cm。茎方形，具沟槽。

（2）单叶对生，线状披针形，全缘或具疏锯齿。

（3）花腋生，花冠漏斗状，先端5裂，蓝紫色。

（4）蒴果。

（5）花期春到秋季，果期夏、秋季。

【原产地及分布】

原产于墨西哥。

【生态习性】

喜光，喜温暖湿润环境，较耐旱。

【配置建议】

（1）株形繁茂，花形可爱，花色素雅，花期长。

（2）可于花坛、花境、路缘、林缘、建筑物前等处配置，也可盆栽室内观赏。同属还有艳芦莉（*Ruellia elegans*）叶长椭圆状形，花红色。

【常见病虫害】

未见病虫害。

264. 小苞黄脉爵床

（金脉爵床）*Sanchezia parvibracteata*

爵床科　少君木属

【识别特征】

（1）常绿灌木，高可达3m。

（2）单叶对生，卵状披针形，长20～30cm，中脉、侧脉及边缘均为鲜黄色或乳白色。

（3）穗状花序顶生，花管状，二唇形；花萼褐红色，花冠黄色。

（4）蒴果。

（5）花期2～5月。

【原产地及分布】

原产于厄瓜多尔。华南地区有栽培。

【生态习性】

喜半阴，喜高温多湿气候，喜深厚肥沃的沙壤土；忌阳光直射，不耐寒。

【配置建议】

（1）株形紧凑，叶大，覆盖性好；叶色美观，花色艳丽，花形独特。

（2）可于花境、路缘、林缘、林下等处配置，也可盆栽用于室内绿化和观赏。

【常见病虫害】

（1）病害　未见。

（2）虫害　介壳虫。

265. 红背耳叶马蓝

（波斯红草）*Strobilanthes auriculata* var. *dyeriana*

爵床科属马蓝属

【识别特征】

（1）半常绿灌木，高可达20cm。茎有棱。

（2）单叶对生，卵状椭圆形，叶面粗糙被细茸毛，叶脉明显，叶缘有细锯齿，叶脉间有白色或紫红色斑，叶背紫红色。

（3）穗状花序，蓝紫色。

（4）果未见。

（5）花期4～6月。

【原产地及分布】

原产缅甸、马来西亚。我国华南、华东有引种栽培。

【生态习性】

喜光，高温高湿气候，耐半阴，不耐寒。

【配置建议】

（1）株形紧凑，叶形优美，叶色独特，叶背紫红色，为新近流行的斑叶类、双色叶树种。

（2）可于花坛、花境、路缘、林缘、林下配置，也可盆栽用于室内绿化或居家观赏。

【常见病虫害】

未见病虫害。

266. 直立山牵牛

（硬枝老鸭嘴、蓝吊钟）*Thunbergia erecta*

爵床科　山牵牛属

【识别特征】

（1）常绿灌木，高可达2m。

（2）单叶对生，近革质，卵形至长卵形，先端渐尖，基部楔形至圆形，边缘具波形齿或不明显3裂。

（3）花单生于叶腋，花冠斜喇叭形，蓝紫色，喉管部为黄色。

（4）蒴果。

（5）花期全年。

【原产地及分布】

原产热带，亚洲热带。

【生态习性】

喜光，喜高温高湿气候。喜肥沃、排水良好的微酸性沙质土壤。耐旱，耐修剪。

【配置建议】

（1）枝叶茂密，花形奇特，花色素雅，花期长。

（2）可于花坛、花境、路缘等处配置，也可修剪作造型树、花离，或盆栽室内绿化装饰。

【常见病虫害】

未见病虫害。

马鞭草科

267. 假连翘[qiáo]

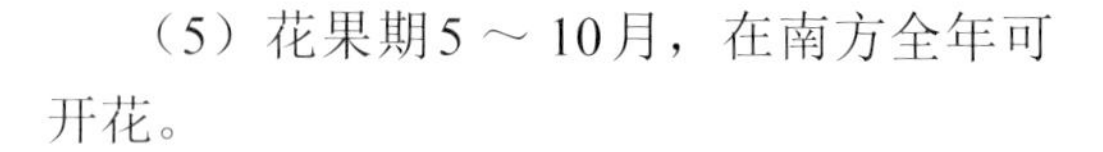

（番仔刺）*Duranta erecta* 马鞭草科 假连翘属

【识别特征】

（1）常绿灌木，高可达3m，枝常拱形下垂，具皮刺。

（2）单叶对生，少有轮生，卵形或卵状椭圆形，长2～6.5cm，宽1.5～3.5cm，纸质，顶端短尖或钝，基部楔形，全缘或中部以上有锯齿。

（3）总状花序顶生或腋生，花冠蓝紫色，5裂。

（4）核果球形，熟时橙黄色。

（5）花果期5～10月，在南方全年可开花。

【原产地及分布】

原产于热带美洲。我国南方常见栽培。

【生态习性】

喜光，耐半阴；喜温暖湿润气候，对土壤要求不严；耐旱，不耐寒，耐修剪。

【配置建议】

（1）株形开展，枝条细长，花序美观，花色素雅，花期长。

（2）可用于花境、路缘、山石旁、廊架等处配置，也可用作绿篱或造型树。园林中应用较多见的还有品种花叶假连翘（'Variegata'），绿色叶上有黄色、白色斑块；金叶假连翘（'Golden Leaves'），叶金黄色。金叶假连翘常与红花檵木、大叶红龙草搭配，营造模纹花坛。

【常见病虫害】

（1）病害　根腐病。

（2）虫害　钻心虫和蜗牛。

冬青科

268. 枸骨

（猫儿刺、鸟不宿、八角刺）*Ilex cornuta*　　冬青科　冬青属

【识别特征】

（1）常绿灌木或小乔木，高可达3m。

（2）单叶互生，硬革质，二型，四角状长圆形或卵形，长4～9cm，宽2～4cm，先端具3枚尖硬刺齿，中央刺齿常反曲，基部圆形或近截形，两侧各具

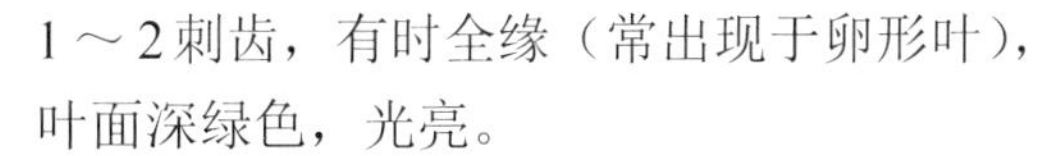

1～2刺齿，有时全缘（常出现于卵形叶），叶面深绿色，光亮。

（3）圆锥花序，淡黄色，4基数。

（4）核果球形，鲜红色。

（5）花期4～5月，果期10～12月。

【原产地及分布】

原产江苏、上海、安徽、浙江、江西、湖北、湖南等地。

【生态习性】

喜光，稍耐阴；喜温暖湿润环境，喜微酸性土壤，耐寒性不强。生长慢，耐修剪。

【配置建议】

（1）树形古朴，叶色深绿发亮，叶形奇特，果实红艳。

（2）可于花坛、花境、路缘、山石旁配置，也可经修剪作刺篱，或制作盆景、造型树。

【常见病虫害】

（1）病害　煤污病。

（2）虫害　木虱和介壳虫。

269. 红王子锦带花

Weigela florida 'Red Prince'

忍冬科　锦带花属

【识别特征】

（1）落叶灌木，高1.5～2m。嫩枝淡红色，老枝灰褐色。

（2）叶对生，卵形或椭圆形，边缘波状有红色细锯齿。

（3）聚伞花序生于叶腋或枝顶，花冠漏斗状钟形，玫红色。

（4）蒴果。

（5）花期4～9月。

【原产地及分布】

园艺栽培种。我国华东等地栽培较多。

【生态习性】

喜光，耐半阴；喜温暖湿润环境，耐寒，耐旱，适应性强。

【配置建议】

（1）株形开展，叶形秀丽美观，花色艳丽。

（2）可孤植、列植、丛植或群植于花坛、花境、路缘、山石旁、建筑物前、入口两侧等处配置，也可盆栽室内观赏。

【常见病虫害】

（1）病害　枝枯病。

（2）虫害　刺蛾和蚜虫。

海桐科

270. 海桐

（臭榕仔、垂青树、海桐花）*Pittosporum tobira*　海桐科　海桐属

【识别特征】

（1）常绿灌木或小乔木，高达3m，嫩枝被褐色柔毛，有皮孔。

（2）单叶互生或聚生于枝顶，革质，倒卵形或倒卵状披针形，长4～9cm，宽1.5～4cm，先端圆形或钝，常微凹或微心形，基部窄楔形，全缘，干后反卷。

（3）伞形花序顶生或近顶生，花白色，后变黄色，芳香。

（4）蒴果圆球形，有棱或呈三角形。

（5）花期5月，果期10月。

【原产地及分布】

分布于长江以南各省，日本和朝鲜也有分布。

【生态习性】

喜光，喜温暖湿润环境，耐半阴，耐旱，耐修剪。

【配置建议】

（1）株形紧凑；叶色亮绿，四季常青；花形典雅，花色洁白有香味。

（2）可孤植、对植、列植或丛植于花坛、花境、入口两侧、路缘、林缘、山石旁等处配置，也可用作绿篱、造型树。园林中常应用的还有品种花叶海桐（'Variegatum'），叶片绿色有黄绿色斑纹。

【常见病虫害】

（1）病害　叶斑病。

（2）虫害　介壳虫和红蜘蛛。

271. 圆叶南洋参

（圆叶福禄桐）*Polyscias balfouriana*

五加科　南洋参属

【识别特征】

（1）常绿灌木。茎枝表面有明显的皮孔。

（2）羽状复叶，小叶阔圆肾形，纸质，长10cm，叶缘有粗钝锯齿或不故规则浅裂，先端圆，基部心形。

（3）伞形花序，花小，淡绿色。

（4）果未见。

【原产地及分布】

原产太平洋诸岛。

【生态习性】

喜光，喜高温多湿环境，对土壤要求不严，耐半阴，稍耐旱，不耐寒，耐修剪，忌水湿。

【配置建议】

（1）株形紧凑，叶形圆整可爱。可放置于园林当摆饰品，用于盆栽观赏或作为地被植物。

（2）多用于室内绿植观赏，也可于花境、路缘、林缘配置或作地被植物。

【常见病虫害】

（1）病害　炭疽病。

（2）虫害　介壳虫。

272. 鹅掌藤

（七叶莲）*Schefflera arboricola*　五加科　南鹅掌柴属

【识别特征】

（1）常绿藤状灌木，高可达3m。小枝有不规则纵皱纹。

（2）掌状复叶，小叶7～9，稀5～6或10；革质，有光泽，倒卵状长圆形或长圆形，长6～10cm，宽1.5～3.5cm，先端急尖或钝形，基部渐狭或钝形，全缘。

（3）圆锥花序顶生，白色。

（4）果实球形。

（5）花期7～10月，果期9～11月。

【原产地及分布】

原产台湾、广西及广东。

【生态习性】

喜光，耐阴；喜温暖湿润环境，耐旱，耐修剪。

【配置建议】

（1）株形开展，覆盖性好，四季常青；叶形美观。

（2）常于林下、路缘、花境、山石旁等处配置或作为地被植物，也可盆栽用于室内观赏或作造型树，或作为切叶用于花艺设计。园林中应用的还有品种花叶鹅掌藤（'Variegata'），叶色斑驳，有红色、乳白色斑块，花期8月。

【常见病虫害】

（1）病害　叶斑病和炭疽病。

（2）虫害　介壳虫。

273. 孔雀木

（手树）*Schefflera elegantissima*　　五加科　南鹅掌柴属

【识别特征】

（1）常绿小乔木或灌木，高可达2m。

（2）掌状复叶互生，小叶7～11，条状披针形，长7～15cm，边缘有锯齿或羽状分裂，幼叶紫红色，叶脉褐色，总叶柄细长。

（3）复伞状花序生于茎顶叶腋处，花小，黄绿色。

（4）未见果实。

【原产地及分布】

原产澳大利亚和太平洋上的波利尼亚群岛。我国华南地区有栽培。

【生态习性】

喜光，喜温暖湿润气候，土壤以肥沃、疏松的壤土为好。耐半阴，不耐寒，忌积水。

【配置建议】

（1）株形紧凑，掌状复叶小叶又羽状分裂，秀丽而有趣。

（2）可于花境、路缘、林缘配置，也可盆栽用于室内装饰绿化。

【常见病虫害】

（1）病害　叶斑病和炭疽病。

（2）虫害　介壳虫和红蜘蛛。

TENGBENLEI

三、藤本类

番荔枝科

274. 鹰爪花

（五爪兰、虎爪花、鸡爪兰）*Artabotrys hexapetalus*

番荔枝科　鹰爪花属

【识别特征】

（1）攀援灌木，高达4m。有钩状枝刺。

（2）单叶互生，厚纸质，光亮，长圆形或阔披针形，长6～16cm，顶端渐尖或急尖，基部楔形，叶面无毛，叶背沿中脉上被疏柔毛或无毛。

（3）花1～2朵生于钩状花序梗上，淡绿色或淡黄色，芳香；花瓣长圆状披针形。

（4）果卵圆状，熟时橙黄色，酸甜可食。

（5）花期5～8月，果期5～12月。

【原产地及分布】

原产我国浙江、福建、台湾、江西、广东、广西及云南。东南亚也有栽培。

【生态习性】

喜光，喜温暖湿润环境，耐阴，不耐寒，忌长期积水，抗性强。

【配置建议】

（1）树形开展飘散，花果形态独特，花极香，钩刺可攀附廊架生长。

（2）可丛植或群植于空阔草地、路缘、山石旁、坡地等处，也可用于廊架、花架等的垂直绿化。

【常见病虫害】

未见病虫害。

275. 龟背竹

（龟背莲、穿孔喜林芋）*Monstera deliciosa*

天南星科　龟背竹属

【识别特征】

（1）常绿攀援灌木。茎绿色，具气生根。

（2）叶心状卵形，厚革质，表面发亮，淡绿色，边缘羽状深裂，各侧脉间有1～2个较大的横椭圆形空洞。

（3）肉穗花序近圆柱形，淡黄色。

（4）浆果。

（5）花期8～9月。

【原产地及分布】

原产墨西哥，各热带地区多引种栽培供观赏。

【生态习性】

喜半阴，喜温暖多湿气候，不耐干旱，不耐寒，忌强阳光直射。

【配置建议】

（1）叶片巨大，形态奇特，装饰性强。

（2）常用于室内的盆栽摆设和室外林下、山石边、园路边、墙垣、水岸边、路缘等处配置。

【常见病虫害】

（1）病害　褐斑病。

（2）虫害　介壳虫。

葡萄科

276. 异叶地锦

（异叶爬山虎、爬墙虎）*Parthenocissus dalzielii*

葡萄科　地锦属

【识别特征】

（1）落叶木质藤本。小枝无毛。卷须嫩时顶端膨大呈圆球形，遇附着物时扩大为吸盘状。

（2）叶异形，单叶卵圆形，长3～7cm；三出复叶的中央小叶长椭圆形，长6～21cm，先端渐尖，基部楔形，侧生小叶卵状椭圆形，长5.5～19cm，有不明显小齿，两面无毛。

（3）多歧聚伞花序于枝顶端腋生。

（4）果球形，熟时紫黑色。

（5）花期5～7月，果期7～11月。

【原产地及分布】

原产我国南方地区。

【生态习性】

喜阴，稍耐寒，对土壤要求不严，生长快。

【配置建议】

（1）枝叶茂密，入秋落叶前会变为红色，能攀附墙壁、山石等生长，是著名的垂直绿化植物和秋色叶树种。

（2）常用于山石、墙壁、高架桥等的立体绿化。

【常见病虫害】

（1）病害　炭疽病、叶斑病和霜霉病。

（2）虫害　葡萄斑叶蝉、葡萄天蛾和吹绵蚧等。

277. 地锦

（爬山虎、爬墙虎）*Parthenocissus tricuspidata* 葡萄科 地锦属

【识别特征】

（1）落叶藤本。小枝圆柱形，卷须5～9分枝，相隔2节间断与叶对生。卷须顶端嫩时膨大呈圆珠形，后遇附着物扩大成吸盘。

（2）单叶，通常着生在短枝上为3浅裂，幼枝上的叶较小，常不分裂，有较粗锯齿；叶片通常倒卵圆形，顶端裂片急尖，基部心形，边缘有粗锯齿，绿色。

（3）多歧聚伞花序着生在短枝上，花瓣5。

（4）果实球形。

（5）花期5～8月，果期9～10月。

【原产地及分布】

原产我国东北至华南地区，朝鲜、日本也有分布。

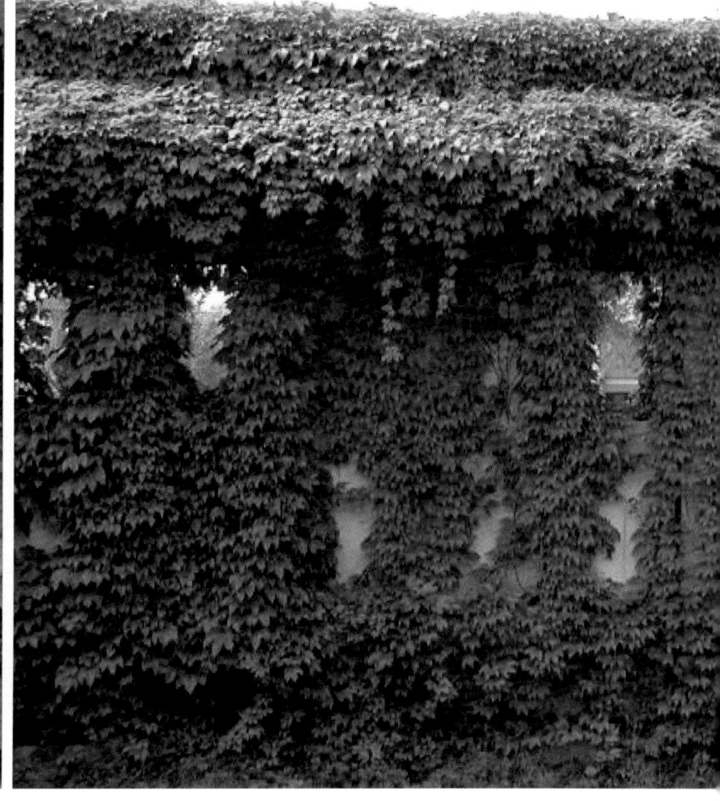

【生态习性】

喜阴，耐寒，对土壤要求不严，生长快。

【配置建议】

（1）枝叶茂密，入秋落叶前会变为红色，能攀附墙壁、山石等生长，是著名的垂直绿化植物和秋色叶树种。

（2）常用于山石、墙壁、高架桥等的立体绿化。

【常见病虫害】

（1）病害　炭疽病、叶斑病、白粉病和霜霉病。

（2）虫害　葡萄斑叶蝉、葡萄天蛾和吹绵蚧等。

278. 首冠藤

（深裂叶羊蹄甲）*Bauhinia corymbosa* 豆科 羊蹄甲属

【识别特征】

（1）常绿木质藤本，嫩枝、花序和卷须的一面被红棕色小粗毛。枝纤细，卷须单生或成对着生。

（2）单叶互生，纸质，近圆形，自先端深裂达叶长的1/2～3/4，裂片先端圆，基部近截平或浅心形，基出脉7条。

（3）总状花序顶生，白色，有粉红色脉纹，芳香。

（4）荚果扁平带状，红色。

（5）花期3～6月；果期6～12月。

【原产地及分布】

原产广东、海南。世界热带、亚热带地区有栽培。

【生态习性】

喜光、喜高温湿润气候，耐贫瘠，适应性强。

【配置建议】

（1）叶形独特，花期长，色彩淡雅，新枝和卷须红艳优美，荚果带状红艳，可观叶、观花和观果。

（2）可用于坡地、廊架、花架等的垂直绿化。

【常见病虫害】

（1）病害　未见病害。

（2）虫害　天牛。

279. 白花油麻藤

（禾雀花）*Mucuna birdwoodiana*　　豆科　油麻藤属

【识别特征】

（1）常绿大型藤本。

（2）三出羽状复叶，小叶革质，卵状椭圆形，长8～13cm，侧生小叶偏斜。

（3）总状花序自老茎长出，下垂；花冠蝶形，白色。

（4）荚果，木质，长40cm。

（5）花期4～6月，果期6～11月。

【原产地及分布】

原产我国华南和西南地区。

【生态习性】

喜光，耐半阴，喜温暖湿润气候，喜肥沃富含腐殖质而排水良好的壤土；耐寒，不耐旱和瘠薄。

【配置建议】

（1）分枝多，花序长而多，色彩淡雅，形态优美，干生花相有趣。

（2）可用于大型棚架、廊架等的垂直绿化。

【常见病虫害】

（1）病害　炭疽病。

（2）虫害　蚜虫和红蜘蛛。

280. 紫藤

（朱藤、藤萝树）*Wisteria sinensis*

【识别特征】

（1）落叶藤本。茎左旋，枝较粗壮。

（2）奇数羽状复叶，小叶3～6对，纸质，卵状椭圆形至卵状披针形，上部小叶较大，基部1对最小，先端渐尖至尾尖，基部钝圆或楔形，或歪斜。

（3）总状花序，长10～35cm，花长2～2.5cm，芳香，紫色。

（4）荚果倒披针形。

（5）花期4月中旬至5月上旬，果期5～8月。

【原产地及分布】

原产河北以南黄河、长江流域及陕西、河南、广西、贵州、云南。

【生态习性】

喜光，喜温暖气候，对土壤适应性强，较耐寒，能耐水湿及瘠薄土壤，较耐阴。生长较快，寿命很长。缠绕能力强。

【配置建议】

（1）先叶开花，紫穗满垂缀以稀疏嫩叶，十分优美，叶形秀丽，

（2）常作庭园花架、花廊绿化，也有孤植或丛植于路缘、水边观赏。

【常见病虫害】

（1）病害　软腐病、叶斑病和花叶病。

（2）虫害　蜗牛、介壳虫和白粉虱。

桑科

281. 薜[bì]荔

（凉粉树、秤砣果、鬼馒头）*Ficus pumila*　　桑科　榕属

【识别特征】

（1）常绿攀援或匍匐灌木，有气生根，乳汁。

（2）单叶互生，叶两型，卵状心形，长约2.5cm，薄革质，基部歪斜，尖端渐尖，叶柄很短；结果枝上的叶，革质，卵状椭圆形，长5～10cm，宽2～3.5cm，先端急尖至钝形，基部圆形至浅心形，全缘，背面被黄褐色柔毛。

（3）隐头花序。

（4）榕果单生叶腋，近球形。

（5）花果期5～10月。

【原产地及分布】

原产华东、华南、西南各地区。日本、越南北部也有分布。

【生态习性】

耐阴，喜温暖湿润环境，耐旱，不耐寒。

【配置建议】

（1）叶形可爱，可借助墙壁、树干、山石、立交桥桥墩向上攀援，新叶红色。

（2）常配置于山石旁、大树边、墙垣、篱笆等处，也可用于林下作地被植物。在南方城市与地锦属植物配合进行立交桥、高架桥等的桥体绿化。花叶薜荔（'Variegata'），绿色叶上有白色板块。

【常见病虫害】

（1）病害　未见。

（2）虫害　红蜡蚧和龟蜡蚧壳虫。

金虎尾科

282. 三星果

（星果藤、三星果藤）*Tristellateia australasiae*

金虎尾科　三星果属

【识别特征】

（1）常绿木质藤本，长可达10m。茎上有皮孔。

（2）单叶对生，纸质或薄革质，卵形，端急尖至渐尖，基部圆形至心形，叶柄长1～1.5cm，托叶线形至披针形，长约1mm，急尖。

（3）总状花序，顶生或腋生，花鲜黄色。

（4）翅果星芒状。

（5）花期8月，果期10月。

【原产地及分布】

分布于华南地区和台湾。马来西亚、澳大利亚热带地区也有分布。

【生态习性】

喜阳，抗风，不耐寒，不耐旱。

【配置建议】

（1）叶色油亮，花形特别，花色艳丽，是优良的观花垂直绿化树种。

（2）可应用于花架、花廊、廊桥、假山的垂直绿化，也可盆栽室内观赏。

【常见病虫害】

未见病虫害。

西番莲科

283. 鸡蛋果

（百香果）*Passiflora edulis*　　西番莲科　西番莲属

【识别特征】

（1）常绿藤本。茎具细条纹，有卷须。

（2）单叶互生，掌状3深裂，纸质，叶柄上有1～2枚腺体。

（3）聚伞花序退化仅存1花，与卷须对生；花芳香。

（4）浆果卵球形。

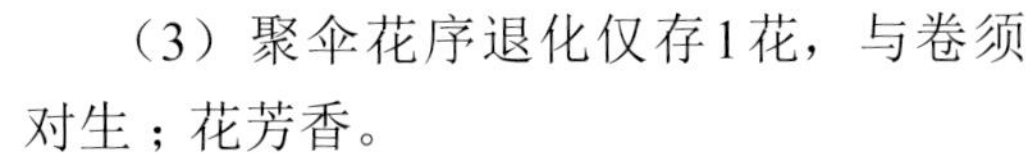

（5）花期6月，果期11月。

【原产地及分布】

原产大小安的列斯群岛，现广植于热带和亚热带地区。

【生态习性】

喜光，喜温暖湿润环境，对土壤要求不严。不耐寒，不耐旱。

【配置建议】

（1）叶形美观，花形独特，色彩淡雅，果实可食用。

（2）常用于棚架、墙垣、栅栏等绿化。

【常见病虫害】

（1）病害　花叶病和疫病等。

（2）虫害　潜叶蝇和蓟马等。

使君子科

284. 使君子

（史君子）*Quisqualis indica*　　使君子科　使君子属

【识别特征】

（1）落叶攀援状灌木，长可达10m；小枝被棕黄色短柔毛。

（2）单叶对生或近对生，卵形或椭圆形，长6～13cm，先端短渐尖，基部钝圆，两面有黄褐色短柔毛。叶柄基部宿存呈硬刺状。

（3）聚伞花序顶生，花瓣5，初为白色，后转淡红色至红色，芳香。

（4）核果橄榄状，5棱，熟时黑色。

（5）花期夏季至秋季。

【原产地及分布】

原产四川、贵州至南岭以南各地区。

【生态习性】

喜光，喜高温多湿气候，耐半阴，但日照充足开花更繁茂。不耐寒，不耐干旱。

【配置建议】

（1）花期长，花色鲜艳而富于变化，花繁叶茂，为优良的垂直绿化树种。

（2）常配置于花廊、花架、花门、栅栏等处进行垂直绿化。

【常见病虫害】

（1）病害　叶斑病和炭疽病。

（2）虫害　蚜虫和介壳虫。

285. 珊瑚藤

（紫苞藤、朝日蔓）*Antigonon leptopus* 蓼科 珊瑚藤属

【识别特征】

（1）落叶攀援藤本，长可达10m。具块根，枝条有棱，被棕褐色短柔毛。

（2）单叶互生，卵形或卵状三角形，长6～12cm，宽4～5cm，顶端渐尖，基部心形，近全缘，两面被棕褐色短柔毛，叶脉明显，叶面凸凹不平；托叶鞘极小。

（3）总状花序顶生或腋生，花序轴顶部延伸变成卷须；花粉色。

（4）瘦果卵状三角形，包于宿存的花被内。

（5）花期3～12月，果期冬季。

【原产地及分布】

原产墨西哥，广东、海南和广西有栽培。

【生态习性】

喜光，喜温暖湿润环境和微酸性土壤。

【配置建议】

（1）花序大型，色彩娇柔艳，花形独特，具微香；新叶红色。

（2）可用于花架、廊架、篱笆、栅栏等处的垂直绿化。

【常见病虫害】

未见病虫害。

286. 千叶兰

（千叶吊兰、铁线兰）*Muehlenbeckia complexa* 蓼科 千叶兰属

【识别特征】

（1）常绿藤本，枝条纤细，匍匐状，长可达6m，红褐色或黑褐色，似铁丝。

（2）单叶互生，心形或近圆形，先端尖，基部近截平，长2cm。

（3）花小，黄绿色。

【原产地及分布】

原产新西兰。中国长江以南地区有栽培。

【生态习性】

喜光，喜温暖湿润的气候，喜肥沃疏松、排水良好的沙壤土；耐阴，耐寒，适应性强。

【配置建议】

（1）叶形小巧可爱，覆盖性好。

（2）可用于假山、坡地配置，也可用作地被植物，或盆栽垂吊观赏。

【常见病虫害】

（1）病害　未见。

（2）虫害　介壳虫。

紫茉莉科

287. 光叶子花

（九重葛、红宝巾、勒杜鹃）*Bougainvillea glabra*

紫茉莉科　叶子花属

【识别特征】

（1）常绿攀援灌木，有枝刺。枝条常拱形下垂，无毛或稍有柔毛。

（2）单叶互生，卵形或卵状椭圆形，先端渐尖，基部圆形至广楔形，全缘，表面无毛，背面幼时疏生短柔毛。

（3）花顶生，常3朵簇生，各具1枚叶状大苞片，紫红色。

（4）瘦果有5棱。

（5）花期3～12月。

【原产地及分布】

原产巴西。我国各地有栽培。

【生态习性】

喜光，喜温暖湿润气候，不耐寒；不择土壤，干湿都可以，但适当干燥可以加深花色。生长健壮；耐修剪，扦插容易成活。

【配置建议】

（1）广东省深圳、江门、珠海等市，福建省厦门市的市花为叶子花（*Bougainvillea spectabilis*），花梅红色。园林中有通过杂交育种产生的不同花色、不同叶色的新品种。

（2）枝条蔓性生长，花期长，苞片大型，色彩艳丽，观赏性强。

（3）常修剪成圆球形，丛植或列植作园景树，也可用于栅栏、廊架、花架、山石、园墙、廊柱等的垂直绿化，或整形以盆景观赏。在华南地区，常用于高架桥、立交桥的桥上绿化，形成空中花带景观。

【常见病虫害】

（1）病害　枯梢病、叶斑病和褐斑病。

（2）虫害　叶甲、蚜虫和介壳虫。

288. 软枝黄蝉

（大花软枝黄蝉、黄莺花）*Allamanda cathartica*

夹竹桃科　黄蝉属

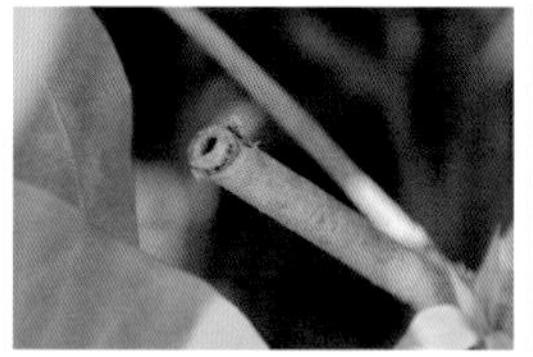

【识别特征】

（1）常绿藤状灌木，枝条软弯垂，具白色乳汁，长达4m。

（2）叶革质，表面光亮，常3～5枚轮生，有时对生或在枝的上部互生，全缘，倒卵形或倒卵状披针形，端部短尖，基部楔形。

（3）伞房花序顶生，花冠漏斗状，端部5裂，黄色。

（4）蒴果球形，有刺。

（5）花期4～8月，果期10～12月。

【原产地及分布】

原产巴西。现广泛栽培于热带地区。

【生态习性】

喜光，喜高温多湿气候，不耐寒，不耐旱，对土壤要求不严。

【配置建议】

（1）枝条弯曲，叶形秀丽，花大而色彩鲜亮。

（2）可用于花坛、花境、路缘、山石旁或水岸边平面绿化，廊架、花架的垂直绿化，也可盆栽室内观赏。

【常见病虫害】

（1）病害　煤烟病。

（2）虫害　介壳虫、刺蛾和蚜虫。

289. 桉叶藤

（橡胶紫茉莉、伯莱花）*Cryptostegia grandiflora*

夹竹桃科　桉叶藤属

【识别特征】

（1）落叶藤本。

（2）叶对生，椭圆形或卵圆形，尖端钝，具短突尖，全缘，叶两面平滑，革质，绿色。

（3）聚伞状花序，全瓣花，高脚蝶状，花淡紫色。

（4）蓇葖果。

（5）花期6～7月，果期冬季。

【原产地及分布】

分布于热带亚洲和非洲，我国引入栽培。

【生态习性】

喜光，喜温暖湿润环境，耐旱。

【配置建议】

（1）株形开展，叶色亮绿，花色素雅，花量大。

（2）可孤植、丛植于花坛、花境、路缘、坡地、水岸边、角隅等处配置，也可用于花架等垂直绿化，或盆栽用于室内观赏。

【常见病虫害】

未见病虫害。

290. 络石

（白花藤）*Trachelospermum jasminoides*

【识别特征】

（1）常绿木质藤本，长可达10m，具乳汁；茎赤褐色，有皮孔。

（2）单叶对生，革质或近革质，椭圆形至卵状椭圆形，长2～10cm，渐尖或钝，基部渐狭至钝，叶柄短；叶柄内和叶腋外具钻形腺体。

（3）二歧聚伞花序腋生或顶生，花冠高脚碟形，白色，芳香。

（4）蓇葖果双生，叉开。

（5）花期3～7月，果期7～12月。

【原产地及分布】

我国秦岭以南地区多有分布，日本、朝鲜和越南也有。

【生态习性】

喜半阴，喜温暖湿润气候，对土壤的要求不严；较耐旱，忌水湿。

【配置建议】

（1）枝叶茂盛，覆盖性好，花色素雅，花型可爱。

（2）依靠不定根攀附大树、墙体、山石生长，可用于假山、墙面的垂直绿化或地被植物，也可盆栽垂吊观赏。现在流行的有变色络石（'Variegatum'），叶圆形，杂色，具有绿色、白色、淡红色。花期春末至夏中。

【常见病虫害】

（1）病害　褐斑病和立枯病。

（2）虫害　红蜘蛛。

茄科

291. 金杯藤

（金盏藤）*Solandra maxima*　　茄科　金杯藤属

【识别特征】

（1）常绿藤本灌木，有乳汁。

（2）单叶互生，长椭圆形，浓绿色。

（3）花顶生，金黄色或淡黄色，杯状，直径18～20cm，略芳香；花冠裂片5，反卷，裂片中央有五个纵向深褐色条纹。

（4）果未见。

（5）花期春夏季。

【原产地及分布】

原产中美洲，华南、西南地区有栽培。

【生态习性】

喜光，喜温暖湿润的气候，对土壤要求不严，以疏松、肥沃、排水良好的砂质土壤为佳；不耐寒。

【配置建议】

（1）花大型，金黄或淡黄色，花形可爱，有香味。

（2）可用于花架、花廊等的垂直绿化。

【常见病虫害】

未见病虫害。

292. 美丽赪桐

（红萼龙吐珠、美丽龙吐珠）*Clerodendrum speciosissimum*

唇形科　大青属

（1）常绿木质藤本。枝缠绕性。

（2）单叶对生，革质，椭圆形或长圆形，长8～10cm，先端渐尖，基部圆或宽楔形，边缘浅波状。

（3）圆锥花序顶生或腋生，花萼淡红色，花冠红色，雌雄蕊细长，突出花冠外。

（4）核果。

（5）花期春至秋末。

【原产地及分布】

原产印度尼西亚。我国南方有栽培。

【生态习性】

喜光，喜高温湿润气候，喜肥沃的沙壤土；不耐寒，不耐旱。

【配置建议】

（1）株形披散，枝叶茂密，覆盖效果好；花序大型，花型奇特，色泽艳丽，花期长。

（2）适合棚架、绿廊、篱垣栽培，也可整形成灌木植于路边、山石边或庭院欣赏。

【常见病虫害】

（1）病害　白粉病。

（2）虫害　蚜虫。

293. 龙吐珠

（白萼赪桐）*Clerodendrum thomsoniae*

【识别特征】

（1）攀援状灌木，高可达5m。幼枝四棱形，被黄褐色茸毛。

（2）单叶对生，纸质，狭卵形或卵状长圆形，长4～10cm，顶端渐尖，基部近圆形，全缘，表面被糙毛，基脉三出。

（3）聚伞花序腋生或假顶生，花萼白色，花冠深红色，雄蕊4，与花柱同伸出花冠外；柱头2浅裂。

（4）核果近球形。

（5）花期3～5月。

【原产地及分布】

原产西非。我国华南地区有栽培。

【生态习性】

喜光，喜温暖湿润环境，耐半阴，不耐寒。

【配置建议】

（1）株形披散，花形独特，花色靓丽。

（2）多盆栽室内观赏，也可以于花境、路缘等处配置。

【常见病虫害】

（1）病害　叶斑病。

（2）虫害　介壳虫和白粉虱。

爵床科

294. 黄花老鸦嘴

（跳舞女郎）*Thunbergia mysorensis*

爵床科　山牵牛属

【识别特征】

（1）常绿藤本，高可达5m。

（2）单叶对生，披针形或披针状卵形。

（3）总状花序下垂，花冠唇形，内侧鲜黄色，外缘紫红色。

（4）蒴果。

（5）花期4～8月。

【原产地及分布】

原产印度南部等热带地区。

【生态习性】

喜光，喜高温高湿气候，耐阴，不耐旱，不耐寒，也不耐高温。

【配置建议】

（1）四季常青，花期长，花形秀美，花色艳丽。

（2）可用于花廊、花架、绿亭、墙垣、假山等的垂直绿化。

【常见病虫害】

（1）病害　未见病害。

（2）虫害　蚜虫和叶壁虱。

紫葳科

295. 蒜香藤

（紫铃藤、张氏紫葳）*Mansoa alliacea*　　紫葳科　蒜香藤属

【识别特征】

（1）常绿木质藤本，具卷须。

（2）三出复叶对生，顶小叶常呈卷须状或脱落，小叶椭圆形，长7～10cm，宽3～5cm，有光泽。

（3）聚伞花序腋生，花冠筒状，先端5裂。花初为紫色，后变为粉红色，到白色。花、叶在搓揉之后，有大蒜气味。

（4）蒴果，扁平长条形。

（5）花期春秋两季，盛花期在8～12月。

【原产地及分布】

原产南美洲的圭亚那和巴西。我国华南地区有栽培。

【生态习性】

喜光，喜温暖湿润气候，对土质要求不严。

【配置建议】

（1）蒜香藤枝叶疏密有致，花花团锦簇，花色多变，为观叶、观花藤本植物。

（2）可用于栏杆、篱笆、围墙、廊架等垂直绿化，也可于室内盆栽垂吊观赏。

【常见病虫害】

蒜香藤叶、花具有浓浓的蒜香味，昆虫拒绝食用，栽培中没有发现明显的病虫害。

296. 非洲凌霄

（紫芸藤）*Podranea ricasoliana*　紫葳科　非洲凌霄属

【识别特征】

（1）常绿半蔓性灌木。

（2）奇数羽状复叶，对生，小叶长卵形，先端尖，叶缘具锯齿。

（3）花顶生，花冠铃形，粉红色至淡紫色。

（4）蒴果。

（5）花期10月到次年3月。

【原产地及分布】

原产非洲南部。

【生态习性】

喜光，喜温暖湿润环境，较耐旱。

【配置建议】

（1）株形开展，覆盖性好；叶形秀丽，花色艳丽，花形美观。

（2）可孤植、丛植或群植于花坛、花境、路缘、林缘、山石旁、建筑物前等处配置，也可用于篱笆、花架等的垂直绿化，或盆栽用于室内观赏。

【常见病虫害】

未见病虫害。

297. 炮仗花

Pyrostegia venusta　紫葳科　炮仗藤属

【识别特征】

（1）攀援木质藤本。

（2）羽状复叶对生，小叶2～3枚，卵形或卵状椭圆形，边缘全缘，顶生小叶常变成3叉的丝状卷须。

（3）圆锥花序顶生，下垂，橙红色，裂片5。

（4）蒴果，长线形。

（5）花期1～6月。

【原产地及分布】

原产巴西。现温暖地区常见栽培。

【生态习性】

喜光，喜高温湿润气候，适应性强。

【配置建议】

（1）花色艳丽，花序大型，下垂，形态似爆竹（炮仗），花期长，是热带地区多栽培的观花树种。

（2）可用于墙垣、花架、廊架、假山等处的垂直绿化。

【常见病虫害】

（1）病害　叶斑病和白粉病。

（2）虫害　粉虱和介壳虫。

298. 硬骨凌霄

（洋凌霄、四季凌霄）*Tecoma capensis* 紫葳科 黄钟花属

【识别特征】

（1）常绿半蔓性灌木，高可达2m。枝细长，皮孔明显。

（2）奇数羽状复叶对生，叶轴具狭翅，小叶卵形至椭圆状卵形，缘具齿。

（3）总状花序顶生，花冠漏斗状，鲜红色。

（4）蒴果扁线形，多不结实。

（5）花期8～11月。

【原产地及分布】

原产南非。

【生态习性】

喜光，耐半阴；喜温暖湿润环境。

【配置建议】

（1）株形开展，覆盖性好；叶形秀丽，花色红艳，花形美观。

（2）可孤植、丛植或群植用于花坛、花境、路缘、林缘、山石旁、建筑物前等处绿化，也可用于篱笆、花架、廊架等垂直绿化，或盆栽用于室内观赏。

【常见病虫害】

（1）病害 白粉病。

（2）虫害 蚜虫。

马鞭草科

299. 蔓马缨丹

（蔓马樱丹）*Lantana montevidensis*　　马鞭草科　马缨丹属

【识别特征】

（1）常绿蔓性灌木。枝有刺，下垂，被柔毛。

（2）单叶对生，纸质，卵形，基部突然变狭，边缘有粗齿，两边均有毛。

（3）花淡紫红色；苞片阔卵形，长不超过花冠管的中部。

（4）果圆球形。

（5）花期全年。

【原产地及分布】

原产美洲热带。现我国华南、西南地区广泛栽培。

【生态习性】

喜光，耐半阴；喜温暖湿润环境。

【配置建议】

（1）花期长，色彩雅致，枝条柔软下垂。

（2）可于花坛、花境、花箱、路缘、林下、坡地等处配置，也可用于立交桥的桥上绿化。

【常见病虫害】

未见病虫害。

忍冬科

300. 忍冬

（金银花）*Lonicera japonica*

忍冬科　忍冬属

【识别特征】

（1）半常绿缠绕类藤本。枝细长中空，皮棕褐色。全株有毛。

（2）单叶对生，纸质，卵形至椭圆状卵形，长3～8cm，有糙缘毛。

（3）花冠唇形，上唇裂片顶端钝形，下唇带状而反曲；雄蕊和花柱均伸出花冠。花白色，后变黄色。

（4）浆果球形。

（5）花期5～7月，果期9～10月。

【原产地及分布】

除华北和海南外，全国各省均有分布。日本和朝鲜也有分布。

【生态习性】

喜光，喜温暖湿润气候，对土壤要求不严；耐阴，耐寒，耐旱；根系发达，萌蘖力强。

【配置建议】

（1）缠绕性好，花形可爱，花色特别，双色花。

（2）适合庭院、屋顶绿化（体量轻）、山坡、水边垂直绿化，也可做开花耐阴地被。

【常见病虫害】

（1）病害　褐斑病。

（2）虫害　蚜虫、天牛和蓟马。

参考文献

[1] 庄雪影. 园林树木学：华南本［M］. 第3版. 广州：华南理工大学出版社，2014.

[2] 陈有民. 园林树木学［M］. 第2版. 北京：中国林业出版社，2000.

[3] 王瑞江. 广东维管植物多样性编目［M］. 广州：广东科技出版社，2017.

[4] 徐晔春，龚理，杨凤玺. 华南植物园导览图鉴［M］. 重庆：重庆大学出版社，2020.

[5] 大连万达商业地产股份有限公司. 探绿：居住区植物配置宝典［M］. 北京：清华大学出版社，2016.

[6] 伍勇，黄小凤，余金昌，等. 乡土引鸟植物红花荷属类群的观赏价值浅析与应用［J］. 林业科技通讯，2018, (7):70-72.

[7] 孙延军，王一钦，林石狮. 珠三角区域引鸟园林花卉调查与生态景观设计建［J］. 广东园林，2019,(1).4-9.

[8] 陈琦. 2016年上海地区棕榈科植物冻害情况调查［J］. 上海农业科技，2017,(3): 81-82.

[9] 黄丹，朱根发. 广东省野牡丹科观赏植物资源利用现状南方农业［J］. 南方农业，2014，8(16):1-7.

[10] 廖飞勇. 风景园林树木学：南方本［M］. 北京：中国林业出版社，2017.